我不假装美好，我允许自己不开心

高莉娟/著

中国水利水电出版社
www.waterpub.com.cn
北 京

内 容 提 要

我们的情绪是对外界的真实反馈，只有自主地感受情绪，坦诚地面对内在积极的和消极的感受，才能体会到生命的能量变化。我们要允许自己不开心，不必忍耐也无需发泄，全然接纳和拥抱自己原本的真实感受，才能找到掌控情绪的起点，恢复内在的秩序感。

图书在版编目（CIP）数据

我不假装美好，我允许自己不开心 / 高莉娟著. -- 北京 : 中国水利水电出版社, 2020.7
ISBN 978-7-5170-8707-6

Ⅰ. ①我… Ⅱ. ①高… Ⅲ. ①情绪－自我控制－通俗读物 Ⅳ. ①B842.6-49

中国版本图书馆CIP数据核字(2020)第126688号

书　　名	我不假装美好，我允许自己不开心 WO BU JIAZHUANG MEIHAO, WO YUNXU ZIJI BU KAIXIN
作　　者	高莉娟　著
出版发行	中国水利水电出版社 （北京市海淀区玉渊潭南路1号D座　100038） 网址：www.waterpub.com.cn E-mail：sales@waterpub.com.cn 电话：（010）68367658（营销中心）
经　　售	北京科水图书销售中心（零售） 电话：（010）88383994、63202643、68545874 全国各地新华书店和相关出版物销售网点
排　　版	北京水利万物传媒有限公司
印　　刷	晟德（天津）印刷有限公司
规　　格	146mm×210mm　32开本　8.5印张　160千字
版　　次	2020年7月第1版　2020年7月第1次印刷
总 定 价	45.00元

凡购买我社图书，如有缺页、倒页、脱页的，本社发行部负责调换

目录

/ 第一章 /

坏情绪的秘密：发现负面感受里藏着的伤痕

孤独：落单的人可能易感“冷漠症” / 002
委屈：为什么你的心总是容易受伤 / 010
烦闷：你有多少次在生活的麻烦中崩溃 / 018
不甘：是你不愿接受庸俗的自己 / 025
迷茫：对未来的期许会用“伪焦虑”绑架你 / 032
自责：羞耻感是让你不断坠落的深坑 / 039

/ 第二章 /

坏情绪的消解：深度清理错误思维里的顽疾

你的人生不是命中注定的死局 / 048
思考力的限制正在反复拖累你 / 056
理解负性情绪背后的真实诉求 / 063
自视丑陋的人看不到自己的价值 / 070
向内审视，方能摆脱外在框架的限定 / 078
从原谅中释放，还原更好的自己 / 085

/ 第三章 /
好情绪的起点：守住界限来稳定内心的秩序

数算感恩，锻炼重新快乐的能力 / 092

在当下的时光里主动投入一份爱 / 099

了解他人和自己共通的人性软弱 / 105

真正的成熟就是守住情绪的界限 / 112

处理好情绪，等于照顾好身体 / 120

说出你的介意，给歉意表达的机会 / 127

/ 第四章 /
好情绪的持续：自由倾听内在驱动力的指引

允许自己做自由且“无用”的人 / 134

放弃对父母的期待，独自成长 / 142

倾听内在驱动力的指引再出发 / 150

自信自尊，你的人间更值得 / 157

不属于你人生的东西要放手 / 164

为你真正热爱的事情而努力 / 171

/ 第五章 /
亲密关系可甜：真情互动中的蜜糖盈满幸福

好的伴侣关系是“爱而知其恶” / 180
亲密关系中，讲道理是必要的 / 187
幸福是一种能力，而不是一种状态 / 193
珍惜每个当下，幸福就如约到来 / 200
满足我们对爱和“需要别人”的渴望 / 207
我们在沟通中与另一半心心相印 / 214

/ 第六章 /
人际交往可咸：享受正向感情关系的好滋味

重建安稳生活的秩序感 / 224
在生活的洪流里稳住自己的格局 / 232
正能量的朋友是一盏明灯 / 239
朋友是我们主动选择的亲人 / 246
当今社会，婚姻只是一种选择而非必需 / 252
懂得幸福婚姻的良性运转比例 / 258

第一章

坏情绪的秘密：
发现负面感受里藏着的伤痕

孤独：落单的人可能易感“冷漠症”

热情如火，也会被冰冷的关系浇灭

朋友跟我发微信说：“好不容易放个五一小假，我爱人在外面沙发上躺着玩手机，他爸妈看电视，基本谁也不跟谁说话。好可怕的家庭！我现在也不想和他们交流了，下班就待在我房间，休息时就带孩子出去，能用一句话说清的决不用两句话。”

我听后周身发冷。我想我能够理解，在他们五个人组成的家庭中经常会发生些什么。

正是这位朋友，当初欢天喜地地嫁给她老公，那个男人长着细长的丹凤眼，有着瘦高挺拔的身材，怎么看怎么玉树临风。不仅如此，他还拥有一手好厨艺。婚后几年，两人的感情渐渐不那么和谐，主要原因在于，她觉得爱人在人际交往上过于退缩，他和同事、朋友在一起时还好，一旦跟她回娘家，基本上是大门不出二门不迈，她家的亲戚他一个也记不得。她感觉自己嫁了一个“假人”。尤其近几年，她公婆因为家里拆迁没地方住，不得已跟他们一起生活，公婆与老公的相处方式她看在眼里，感受在心头，窒息在每一个毛孔。

也许有人认为，这样的行为很正常，毕竟是一家人，平时没必要那么客套，有事说事，没事就自己忙自己的。这个说法没错。但我觉得有两点需要说明，一是假如只有我的朋友在整个家庭的关系中感觉不舒服，那有可能是她对感情的需求浓度过高；二是假如每个人都觉得不舒服却无法被意识到，只是感觉“家是个冷冰冰的地方”，从而不愿回到家里，或者即便在家里也很少与家人互动，那么这是个值得认真思考的问题。在此，我只想探讨后者是怎样一种状况。

我记得在某次动力性成长小组活动中，我所在的小组有个成员A分享了她自己的经历：

> 小时候我每次放学回家，我妈都在忙她自己的事情，没有人跟我打招呼，我也没养成像日本电影中人们回家时都会说“我回来啦”的习惯，我不知道为什么要上学，为什么放学后又要回家，总之我有一种“到哪儿都不是目的

地”的感觉。那个时候我知道自己很不舒服，但我认为别人家也一样。直到我长大结婚，生了孩子，才发现我和老公、孩子的互动恰恰延续了我妈的做法，这让我很害怕，我每天都生活在莫名的恐惧中，自己却不知道如何改变。

A在当时对我们说了一个新鲜的词：冷漠症。她说这是她自己发明的，但我们都知道她在说什么。

什么是“冷漠症”？我认为它包括以下几个方面：不喜欢与人待在一起；就算和人在一起也仍然耽于自己的事情；哪怕无事可做，也讨厌被打扰（中断当时的心理状态）；真的独处时，却会有恐慌感，似乎感觉不到自己的存在。和一个“冷漠症”人相处，会很憋屈，如果自己就很冷漠，亦会觉得世界充满了杂物和噪声。

我曾有一个来访者，她来找我的原因是“总觉得胸口闷得慌”，我问她发生了什么，她倾诉最多的是她和爱人之间冰冷的关系：她问他事情，他不搭话；她追着他问，他就走到另一个房间；每次吃饭，他只刷自己的碗。

起初我以为，是她爱人从原生家庭里带出来的冷漠影响到了和她之间的关系，后来随着了解的深入，我发现她的冷漠更多一点，比如她爱人晚上应酬，她从来不问他几点回家（虽然她内心也有隐藏的愤怒）。表面看来，她作为妻子很大度，从来不查丈夫的岗，但在丈夫那里，他感觉到的是她从不需要他。因此他常常反问她："你总是说我冷，难道你就不冷吗？"

你瞧，很多时候我们总以为是对方冷漠，但也许，对方的冷漠也有我们的参与：也许对方本不是个冷漠的人，但在长时间的相处中，我们把他变成了一个冷漠的人；也许我们原本是热情的，但对方的退缩和游离使我们觉得"算了吧，多说无益"。

被伤害过的人有资格悲伤

有时候当我陷入沉思，仔细捋顺那些让关系变得冰冷的细枝末节时，我发现总有一个绕不过去的"节点"，即我们害怕被指责、被拒绝、被误解、被惊吓，也就是"被伤害"。

客体关系认为，每个人的人际关系是其早年内在客体关系的延伸，即小时候与他人之间互动的感受会影响到他与其他人之间的互动。比如：

> 小时候的你说："我想吃糖。"你爸说："吃什么吃，牙都坏成那样了，难看得不行！"
>
> 你妈觉得你长大了，应该让你干点儿力所能及的家务活，但你把房间搞得一团糟，她便埋怨你"笨、不通窍，

隔壁家的谁像你一样大的时候都会蒸馒头了”。

你妈把照顾家人当成一件不得不完成的任务，她做饭不好吃，还硬逼你吃，你只好说不饿，然后她就开始委屈了，觉得她为你付出那么多你却一点都不领情。

你爸妈出去逛街从来不带你，他们嫌你总是提很多要求却并不想满足你，时间一长你就得出一个结论：和父母共同行动绝对是场灾难！

父母是我们生命中最重要的人，我们和他们之间的相处方式极大地影响了我们与他人的相处模式。其实决定我们是否被伤害的，绝不是父母能否满足我们的要求，而是他们与我们互动时恶劣的态度和语气——蛮横、无理、粗鲁、不屑。我们随之的感受便是羞耻、内疚、无价值等等。这是莫大的伤害。如果我们总是被伤害，我们就倾向于逃避。

有一个词叫作“强迫性重复”，说的是当我们最恨一个人，长大后我们偏偏会变成他的样子，我们会用他对待我们的方式去对待别人。这与其说是在漫长的岁月中我们深刻地认同了他，不如说这是我们保护自己免受伤害的做法——既然人都是带着刀的，我们为什么不带？

也许，我们不该再憎恨自己的冷漠，而应看见自己的悲伤，意识到多年来我们一直是孤独的一个人，对抗着外界的亲密与接触，哪怕那是善意的。是的，我们首先应该为过去受到的不公平待遇感到悲伤，随后我们才会懂得，那不是我们的错。可这也不代表我们需要将那冷漠继续保存，因为它是破坏性的。

在双向的情感里不再孤独

我想通过一个小故事来说明，我们可以通过怎样的方式重建与他人的连接，以让自己温暖与充实。

这个故事是我参加家长会的时候听老师讲的。

老师讲，某班的学生Y语文成绩每次都是年级第一，她通过询问家长得知了Y平时都是怎么学习语文的——每天放学后吃完饭，Y躺在沙发里，爸爸帮忙按摩太阳穴和眼睛，妈妈在旁边读经典名著，每天如此。Y非但语文成绩永远是年级第一，她的眼睛也是标准视力，不像有的孩子一样早早就戴上了眼镜。

这个故事一讲完，家长会上就炸开了锅，很多家长虽然很赞叹Y父母的做法，但也有不少家长直接表示，自己是做不到的，要么是工作忙、时间不允许，要么觉得，这也太惯着孩子了！

我倒觉得，Y父母这样做并不是为了孩子的成绩，而是他们已经习惯了用这样一种方式去相处，语文成绩好只是这种方式的自然结果。或者起初他们是为了寻找一个学习语文或保护视力的方法，而用这样一种方式去互动倒是让大家都很满意。

很多时候，孩子成绩的好坏是不能强求的，但作为父母，我们可以选择通过某种方式，带着爱，去主动为孩子做点什么。一来可以让孩子感觉到他不是孤单的，二来我们很难说在主动去做的过程中，我们自己没有收获什么。

情感是双向的，如果我们曾经是一个冷漠的人，我们就需要变得勇敢一点，这个勇敢包括两个方面，一是勇敢地把自己身上的刺去掉，外界对我们就多了一份容纳；二是勇敢地投入关系，学会忘记那些无心的伤害，毕竟当有人伤害我们的时候，他本身也是一个曾遭受伤害的人。这样一想，我们对他就多了一份怜悯，而不再是憎恶。

愿我们每个人都不再孤独，在关系中活出充实的自己。

我们应怎样让“人间更值得”？

1. 明确能够让人获得充实感的，不是成就和优秀，而是良好的关系。

2. 接受人和人的差异性，当他人的想法和做法与我们不同时，要抱着探究的心理而不是责难。

3. 当我们被伤害的时候，要把受伤的感受说出来，而不是逃避，假装它没有发生继续讨好，或带着很多情绪去攻击。

4. 抱有一种信念，即真实的关系最能够滋养人，时刻反省自己有没有做到真实。

委屈：为什么你的心总是容易受伤

委屈的具体感受是什么

琳琳被一件事情所困扰：她有个同事小C总是跟她诉苦，她好心去安慰小C，到头来却变成了小C的“情绪垃圾桶”，这让她感到很委屈。但是小C的确不容易，最近一件让人感到委屈的事情就是这样发生的：单位领导在开完晨会后问了一句：“大家对于工作时间的安排还有什么要说的吗？”

小C说：“我的工作后续需要别的部门协助，但别的部门同事都只顾着自己……”领导大手一挥：“行了，别说了！”然后转头又问其他人：“还有什么要说的吗？”其他人表示无异议，于是散会。事后小C又去找琳琳，说领导多么多么不近人情。

琳琳听得很烦躁，更多的却是委屈，心想领导不近人情跟我有什么关系，凭什么我要承受这些？

生活中每个人都会有自己的委屈，但对有些人来说，委屈的感受可能更强烈一点，委屈的次数也会更多一点。委屈的字面解释为：受到不应该有的指责或待遇，心里难过。委屈并不是一种基本情绪，而是痛苦、悲伤、愤怒等情绪的综合反应。

当一个人受到委屈的时候，他会认为这个世界不公平，我本不应该被这样对待，对我不公的那个人我好恨他，我特别希望有一个方式可以让他认识到自己的错误，或为此受到应有的惩罚，但我不想或不敢跟他正面冲突。

黑格尔说："存在即合理。"某个事物的存在自有它存在的理由，虽然这个存在不代表是正确的。

为什么受委屈的总是你

我们不妨来讨论一下，是什么原因让我们感觉自己受到了委屈。

1. 委屈是一种主观感受，对同一件事不同的人也许有不同的感受

我有个来访者，她说她老公非常"冷"，不苟言笑，还经常由一件事扯到不相干的另一件事。比如她说："你发那么大脾气干吗？”他会说：“我这边着急走呢，你那边没完没了地问，我得挣钱去啊，房子该交贷款了，你去交吗？”

每当这种时候，她就会感觉他是高高在上的，而自己没本事，只能待在家里做些家务活，还被他看成是理所当然的。她觉得很委屈，同时心里像堵了块石头一样难受。

这缘于她父母经常向她灌输一个观念：你婆婆家里条件好，咱们不如人家，你嫁过去是会受气的！不知不觉她也就认同了父母的说法，多年来把自己放在卑微、受气的位置上，对方一旦态度不好，她自然就联想到对方是高高在上的，而自己只配受委屈。

说白了，是她心里有“伤”，即她讨厌被瞧不起，当别人不小心碰到了她的“伤”，她就会感觉很疼。如果换一个在这方面没有“伤”的女人，听到她老公说那样的话，她也许会说：“噢，我耽误你了，你赶紧去吧，回来咱们再聊！”要么是说：“你再着急也不能跟我发脾气，否则下次要你好看！”

你瞧，同样的话会引出不同的反应，就看你把注意力放在对方言行的哪个点上。有时你感受到的委屈，只是自己伤痛的外化。

2.有一个心理学术语叫作“投射性认同”，即你诱导别人以不公的方式对待你

上文提到的琳琳的同事小C，在晨会时被领导当众奚落，她觉得委屈从而向琳琳诉苦称领导不近人情。事后琳琳通过领导助理得知，领导“不近人情”是因为当他问大家对于时间安排有何异议时，小C并没有“按要求答题”，而是说起了自己的难处——别的部门同事不配合自己。由于时间紧迫，领导只好打断她，以致她认为自己受到了不公平待遇。

这让我想到另一个来访者，她承认自己不分场合地“话多”，也常因此将身边的人激怒。别人越是制止她“别说了”，她越是担心别人没有听懂自己的意思而一遍遍重复，她也因此一次次遭受别人的厌恶和白眼。事后她常常委屈地掉眼泪。

她对自己的心理模式有多无意识，她的处境就多么令人同情。究其原因，首先是她个性中的依赖心理，再就是父母从不给她确定感，比如她提一个要求或问一个问题，父母充耳不闻，她就很害怕，不知道父母答不答应以及他们有什么意见。她为确保自己是安全的，就用重复的方式去求得他人的回应，大有一种“你不回应（其实是她自己不确定）我就一直说”的架势。

他人如何对待我们，往往是我们诱使的结果，即我们投射，他人认同。如果我们投射的是自己不接受的那个层面，他人在认同过程中会感到被利用和操纵，然后他人的情绪就发动了。被情绪控制的他人自然不会公平友好地对待我们。

3.没有边界，不能保护自己

每个人都是有心理边界的，能清楚意识到自己边界的人，会生活得很舒服。但有一些人，在成长过程中没有被很好地尊重过，他们会认为，不被尊重才是常态。

什么是尊重呢？就是你的东西我不动，你不想说的话我不问，你不想做的事我不干涉。它承认一个人是独立存在的，任何人都没有权力去侵入他的心理空间。尊重也是后天习得的，没有人教过你，你就不会尊重自己，也不会尊重他人，这就相当于说，你对自己的心理边界没有清晰的意识。

人的边界不同，有的范围大，有的范围小；有的生硬，有的柔软。无论它是什么特质，只要你有边界意识就好。怕就怕你对边界很茫然，当别人手脚伸得太长，已经越过你的边界了，你只是感觉不舒服，却不能明确地表达出来。这个时候你只能愤怒或委屈，一如我的朋友琳琳对小C无限制的倾诉行为的反感。

假如你有清晰的边界意识，就能很好地保护自己，你会对待你不公的人说“请你停止”，或者“我不允许你这样对我”。那么对方就能意识到他自己的错误，及时在你的边界前停下脚步。

是时候让自己从委屈中走出来了

1.正向看问题，走出“受害者”陷阱

人常说的吸引力法则，指的就是有什么样的深层观念，就会

吸引什么样的事情到自己身边。我们没必要认为自己很可怜很痛苦，我们也没有那么重要，以致旁人故意跟我们过不去。遇事多体会积极的一面，想想自己已经拥有了什么，又从“不好”的事件中收获了什么。只要不把自己当成“受害者”，我们就有机会感受到不曾留意过的正能量。

2. 带着善意与人沟通

善意并不是讨好，不是对方喜欢听什么就顺着他去说。“善意”是指不带攻击性地把事情搞明白，重在“具体”。比如对方说：“你这件事做得不应该。”你可以问：“你觉得哪里做得不好，能说具体一点吗？”或者说：“我应该怎么做才好呢？”如果对方不能回答，那么他可能也不清楚怎么做才算好，你也就没必要认定自己做错了。如果对方说得条理清楚，你便有了机会去思考并学习他的处事能力了，这对你来说未必不是成长。

3. 及时内省

这一点最重要。受了委屈要及时内省，搞明白是沟通不畅所致，还是自己太敏感、太脆弱所致，有时本来对方没有那个意思，自己却觉得对方是故意针对自己。也许对有些人来说做到这点儿有些困难，那么你可以求得专业人员的帮助。

委屈这种主观感受源于对自己的不了解

对于经常遭受委屈的人来说，小部分是由外界环境或他人造成的，这点比较好解决，良好地沟通，然后努力去做就好。

我们大部分的委屈都源于对自己的不了解，很多内心的真实意图都存在于潜意识中，而没有机会“浮出水面”；再者意识和潜意识往往是相反的，往往是，你越注重什么，内在越缺乏什么，我们也就不能看清真正的自己是什么模样。

所以，成长是一辈子的事情，一如《丝绸之路》这本书里讲过的一句话：“这世上没有大人，只有假装已经长大的孩子；或者已经长大、但无法完全相信这一事实的孩子。”

也正是因为没有长大，才总是主观体验到不美好的感受。如果我们知道，成长的终极目标是面对现实生活能做到游刃有余，我们一定会不负生命的期望，一直努力行走在变得更成熟的路上。愿我们心想事成。

如果委屈是我们的主要情绪，该怎么办?

1. 委屈是一种主观的不公平感，当委屈感来袭的时候，我们有必要思考是不是对他人的期待过高了，觉得他人有义务理解或满足我们。

2. 我们的内心要强大，当他人的要求或环境的规定不合理时，并不代表我们自己的想法毫无意义，我们最好想方设法“悄悄地发展自己”。

3. 时刻观照自己的内心，学会爱自己并努力满足自己。

烦闷：你有多少次在生活的麻烦中崩溃

一个姑娘对我说，下个月她要和朋友结伴去日本旅游。这本是件美事，可她却感到很焦虑，这焦虑来自订机票和旅店这些琐碎的事情。

机票在每个时段的价格不尽相同，每个航空公司的价格也不一样；所订旅店的位置既要观光方便，也要购物方便，姑娘便需要多方收集信息用来做最后的决策。姑娘说，她在收集信息的时候感到很容易，即便信息很多很杂，也不会觉得有多麻烦，可是一旦要做决定，她就很紧张以致迟迟定不下来，用她的话说就是“很多情况还都不知道就做了决定，这不行啊”，即这个结果一点都不可控，这太可怕了！

原本是为了享受生活，最终却给自己带来了一堆麻烦。这让我想到有个朋友想开一个瑜伽馆，她本人已经练了十年瑜伽，在健身中心也教过课，她有足够的资质办一个属于自己的瑜伽馆。但是租场地她嫌太贵，便把自己家30平方米的平台改造成一个小型瑜伽馆，可又面临着精力的投入，包括装修的风格、暖气和冷气的设置等等，万一生源不理想，她的投入岂不是白费了吗？一想到这些问题，她就觉得头大。

这样的问题让我觉得很有意思，因为有时候我自己也有这样的困惑，明明很想做一件事情，但一旦真干起来，中间却有隔着万重山的感觉。这万重山到底是什么呢？

如果给自己做心理分析，我想我会从这里下手：什么事情想做或应该做，然后就去做了？中间没有困难、没有恐惧、不担心后果。我一边想一边记录，总会有那么一些事情是没有任何困难就可以完成的，比如吃喝拉撒，或者每周在固定的时间段与来访者面对面。即形成规律的事情，无论生活还是工作，都是没有困难的。

那么什么时候会做事困难呢？不属于规律之内的事情会有困难，比如出差、旅游，或做一件从没有做过的事。然而现实总不会一成不变，总会有大大小小的意外摆在你面前，另外我们还会有一些不甘寂寞或“人往高处走”的想法，以致不能待在舒适区里了此一生。

对于那些做起来困难的事情，我觉得有以下三点需要考虑。

想一想这是不是你真正想做的事情

在意识层面上想做，这不能代表什么，比如我那个想开瑜伽馆的朋友，她跟我和其他朋友说起来的时候表示非常想做成这件事，但她不愿投入，既不愿投入精力，也不甘心投入钱财，因为担心投进去的收不回来。

当我问她，你开瑜伽馆的目的是什么？她的回答是我喜欢啊。好吧，喜欢你就去练啊，去健身中心教学员啊，这不也挺好的吗？然后她想了想又说，不对，我要挣钱啊。我说你缺钱吗？她说不缺，但是谁跟钱有仇啊？好吧，她其实是在说，我想挣钱，但我挣不到也没关系，反正我的生活不会有困难。这和离了她挣的那些钱就活不下去完全是两个概念。一个是不为了挣钱，一个是只为了挣钱，不同的需求所产生的动机是不一样的，内驱力比较小，意愿却很大，只会产生冲突。

试想你饿了，选一家好吃的饭馆，或自己准备一餐，都不会觉得麻烦，因为想得到的那个结果（吃饱）对你来说更重要，此时的动机是强烈的，而且是内在的，这才是真正地想去做。除此以外，对那些“看起来很美好”的事情我们有必要想一想，那是不是我们真正想做的，以及我们想通过这件事获得什么。

恐惧又缺少方法，导致你犹豫不前

如果对一件事情的结果不能确定，做起来就会焦虑，这种焦虑会导致我们不愿行动、做事拖拉，从而觉得生活很麻烦。

有个新闻说，一个农民不种地了，跑去上海卖凉皮，4个月挣了70万。听说的人觉得自己也会做凉皮，纷纷去仿效，但不久之后就放弃了，因为这件事看起来很简单，实际上却是一个很费力气的生意：手要快，多做多卖；嘴也不能闲着，要和顾客聊天拉家常；同时还要飞快地算账。

我家附近有个卖油条的，十年如一日，说的就是这种情况：老板是夫妻俩，很年轻，算账快、记性好、收拾卫生利索、服务周到，遇有人多位子少的时候，老板总能给客人找到合适的位子，还不会让身边人觉得不舒服。这就是方法啊，方法就是知道怎么做——怎么算账更快，怎么快速记住每个客人的特点以便知道他需要付多少钱，怎么说话能让人觉得更舒服。

很多时候阻碍我们前行的是不知道事情会怎么发展，也就是说，事情是不可控的，一旦不可控，我们就产生了恐惧心理。但是不妨好好想一想，我们到底在恐惧什么？

未来的事情都是不可预知的，比如说走路，普通人在走路的时候不会感到恐惧，因为知道脚应该怎么迈出，又怎样一只脚一只脚地进行替换，虽然接下来的路途是未知的，但怎么迈步却在人的掌握之中。怎么换到做事上就不是这样了呢？事情的结果我们不可预料，但如果知道做事的正确方法，心底的恐惧就会大大减少啊。

所以，与其说我们恐惧未知，不如说我们担心不能获得正确的方法。就像我的朋友虽然并不迫切地想挣到钱，但这也不代表她就不能做好瑜伽馆，只要她懂得如何做宣传，有了生源，哪怕投入再大也有收回来的时候。

当我们被恐惧卡住的时候，不如试着把“不确定因素”转化一下，把尽量多的不可控转化为尽量多的可控，把每一步的结果都控制在可承受的范围内，这样我们就不再觉得麻烦，亦不会失去对快乐的信心。

觉得自己会被指责为“做得不好”

当我们内心存在一个质疑的声音，比如“你做得不够好”“这是你做的吗”“你不行吧”，这个声音总是在挑剔你，哪怕你已经做得足够好了，却仍然达不到这个声音的要求，这种时候我们常常是很绝望的。

当我们总是被严苛、被挑剔，或得不到应有的回应和支持时，我们就会给自己使绊子。此所谓我们自己与自己的关系。

本文开头的那个姑娘，当她对我说“什么情况还都不了解就做了决定，这哪行”时，我的感受是有人认为“我”掌握的信息还不够全面，不够精准，在这种情况下做出的决定当然也是不可取的。可能还有另外一种情况，因为同去的有好几个人，万一订的酒店给其他人造成不便，或订的机票不是性价比最高的，也许会受到埋怨。

是哪种情况都无所谓，别人总有不满和埋怨的自由，问题是如果你把别人的不满、埋怨和责怪当成“自己做得不好”，你就重新陷入了当初和父母的关系当中，当初和父母的关系多么令你恐惧、愤怒，你现在就有多么纠结。

再退一步想，朋友、同事、老板，大街上的陌生人，你真的打算要在与他们的关系中赢得一个漂亮的回合吗？还是打算要他们承认错待了你？其实，谁都没有你想得那么重要。

这样想一想，会不会少了很多纠结？

综上，生活总是由无数的麻烦组成的。麻烦不是问题，害怕麻烦才是问题。麻烦是一种主观感受，它的克星是目的和目标感。当我们非常确定自己想要做什么的时候，哪怕事情真的很麻烦，我们也会乐在其中。另外，我们需要看清自己的担心是什么，承认那些恐惧的存在，努力突破它，然后慢慢地，我们的策略就会发展出来了。

与麻烦相关的情绪或行为包括哪些？又该如何应对？

1. 恐惧。与麻烦相关的恐惧大多是由不可控因素导致的。可控的是安全的，不可控则意味着需要腾出更多精力来应付意料之外的事情。应对的方法是，做好能够做的，把未知的部分交给老天。当你摊开双手、放松自己的时候，不可控并没有那么可怕。

2. 拖延。拖延发生的原因是看不到自己的价值。当你看不到属于自己的能力，而只希望完成他人对你的期待或要求时，你会不自觉地推开不愿做的事。对此最好的做法是，尊重自己的选择，学会发展一些策略让自己的选择和他人的期待共存。

3. 懒惰。懒惰不同于拖延，懒惰也没有好坏之分。当我们不允许自己懒惰的时候才会有麻烦的感觉。其实懒惰可能是由任务太困难导致的，也可能是由我们没有养成某些习惯导致的。重要的是，不要太苛责自己。

不甘：是你不愿接受庸俗的自己

俗气是不能接纳自己的不好

在我公众号的后台有读者留言说了这么一件事：

我去市场买了一条鱼，我觉得挺新鲜的，回家后老公说我买贵了，另外一家鱼店同样的鱼比这便宜了三分之一不止，然后还讽刺我说："就你傻，不骗你骗谁呀。"

我也觉得自己挺傻的，难道就因为我不常去市场，不知道菜价，就要随便诓我吗？

我气不过，拿着鱼去退掉了。

鱼店老板也没说啥，就是拿一副轻蔑的眼神看我。

我又觉得自己白白打扮得那么光鲜，内里斤斤计较的市井气还不是衬托了我的俗气？心情坏得不得了。

我回复说，买了贵的鱼就代表自己傻吗？这个认知是怎么来的？至少鱼是新鲜的啊！

我想，这个读者也许在内心认为，被骗的人不仅不值得同情，还很可耻。她对那个给她带来耻辱的人充满了愤怒。为了扳回一局让自己好受一点儿，她选择去退鱼，然而这种斤斤计较的举动又引发了她更深的痛苦。

这件事让我想到某个朋友的同事，大家对她的评价就是“很俗气”。起初她在一家设计院做文员，渐渐发现身边的室内设计师们的收入是她的好几倍，于是又去学室内设计专业，硕士一路读下来，文凭和年龄倒是长了不少，但是工作中仍频繁出错：当有人指出她画的建筑图不合规范时，她的回应一般是“我认为就是这样的啊”！如果有新进公司的同事请教她技术上的问题，她的反应则是“这么简单的事情还需要问吗”？会议中如果有领导批评她所在的部门拖了后腿，她一般也是先把自己择清，表明“我没有问题，有问题的是别人”。她的许多做法和观念给她的同事们带来种种不适，可是大家又无法准确描述那些不适，只好笼统地评价她是一个很俗气的人。

她内心也许是自卑的，但表现出来的却是自大，或某种优越感。她担心别人瞧不起她是一个半路出家的设计师，于是拼命增加自己的含金量，努力给别人一种“我很优秀”的印象，同时又随意贬低他人。但她的“用力”以及“刻意”反倒使她变得俗气。

也许她并不清楚，正确表现自己价值的方式应该是接纳自己，从现实情况出发认清自己是否适合以及喜欢所从事的工作，而不是以“这个工作很体面”或“这个工作收入高”为标准，努力使“活”的自己去适应“死”的事物，并错误地认为机械性地投入时间和精力就会理所当然地使资历和成绩水涨船高。

俗气是过多地去妥协

某次和几个朋友一起吃饭，结束时大家都抢着结账，其中有个朋友就不高兴了，她说：“不就买个单吗？好像谁结了账大家就欠了他，什么时候你们都变得这么俗了？”事后这句话让我想到了很多，好像我们内心都或多或少有一些标准，符合这个标准时我们就是“可爱的”，不符合这个标准时，我们就认为自己不够好。

年少时，我们只需搞好自己的成绩，交几个志同道合的朋友，不必在意太多别人的看法。那时的我们充满了“仙气”和灵气。当我们年纪渐长，需要承担的内容越来越多时，我们就需要与这个世界保持越来越多的合作，我们变得不得不在意别人的看法，按大众的标准调整自己的行为，或社会认为什么年纪应该拥有什么资源，我们就努力去获得。但有的时候我们根本不知道为什么要去获得，只知道大家都有，所以我也要有。

也许我们走得太快，离我们自性的那个东西越来越远，于是自性就在我们的生命中踩了个急刹车——焦虑的症状出现了。我们因焦虑而变得计较得失，拼命抓住拥有的，获得不了的就自怨自艾。也许我们就是这样一步步变得俗气的吧！

当我们和通常大家说的俗气的人相处时，我们会有不舒服的感觉，因为我们触碰不到哪是真实的他，无法跟他进行情感上的交流，只能靠“面具”互动；而如果我们觉得自己很俗气并为此痛苦的时候，那一定说明，我们没有或不敢有自己的坚持。

比如有个女孩跟我说，她为了让妈妈高兴，带妈妈去买漂亮的衣服。在两件衣服中她拿不定主意，妈妈却说哪件都行，然后她就买了其中一件。回家后有亲戚看见说那件衣服太花了，妈妈就有点不高兴，嘟囔着“早知道就该买另外一件”，女孩听见了，心里特别崩溃。

俗气的反面是灵气

首先我们应该清楚，大众和社会要求的标准未必适合每一个人，所以我们不必按照那个标准去行事。社会的期望毕竟是期望，我们没有义务做到完全满足。

就像父母期待我们成为一个优秀的人一样，父母所谓优秀的标准只是他们自己的想法，难道每个人不应该为自己的想法和愿望负责吗?

怕只怕我们已把父母的想法和愿望内化成自己的想法和愿望了，而我们真实的自我从未被看见。我们压抑那个真实的自己，并调节自己的言行以符合公众的期望，长此以往，也就不免落入俗套。

其次，我们那么在意别人的评价，那么喜欢从众，是为了不被群体所抛弃，从而获得某种安全感和归属感！当我们知道自己是谁，能做什么不能做什么，喜欢什么不喜欢什么的时候，这本身就是一种安全感。

就像有一个成语叫“中流砥柱”，当湍急的洪流涌下来，还有什么比砥柱山更稳固与安全呢？越是没有自我的人，越需要融入某个群体，越会在意他人的评价，也越需要外在的安全感。

最后，学会接纳自己的阴暗面。在分析心理学中有一个词叫“人格面具”，它是原型意象中的一种，是指个体用以适应社会，为了给别人良好的印象从而被认可而包装起来的面目。过分关注某个被社会所认可的人格面具必然会变得俗气，而人格结构中的其他部分也会被牺牲掉，整个人格也就不能平衡发展了。

阴影是与人格面具相对的原型意象，是我们觉得丑陋、不愿去面对的部分。我们越是执着于光鲜的人格面具，内心的阴影就越是强大。这时我们会感到冲突的痛苦。

对此，最好的办法莫过于接纳那个阴影。怎么接纳呢？最重要的是觉察，当我们觉察到阴影，并不认为它是个“坏东西”，它的存在便是积极的，它可以为我们提供源源不断的心理能量。觉察，然后承认它，承认那个不完美也是我们的一部分。

阴影是人格的组成部分，越是否认、排斥阴影，我们越会感到分裂，内心的力量就越弱小；反之，越是承认和接纳，我们的整体人格就越强大，越充满了吸引力。这样的我们有魅力还来不及，哪里会俗气呢！

有时候我会想，当我们在说“俗气”的时候，我们到底在表达什么：这个床单的花色很俗气，那个人的行为很俗气，他的观念很俗气……总之就是不理解、不接受。当我们能够接受世上的一切事物并对它们出现的原因和过程感同身受时，也就不存在俗气一说了。

那么，我们能不能尽力做到接纳自己的一切呢？接纳那些好与不好！这不意味着“停滞不前，再也不用努力”，而是不再与世界为敌，不再与自己为敌。我们可以变得更好，但不是为了证明什么，而是为了我们自己。但愿我们每个人都活出自我的精彩，拥有一个不落俗套的人生。

如何更好地接纳自己？

1. 回想一下，在哪些时刻你曾被嘲笑或批评，而你并不认为这有什么？一定会有这样的时刻。

2. 当你对以上那一点毫不在意的时候，证明你对这个“别人以为的不好”是完全接纳的。

3. 细数给自己带来糟糕感受的“不好”，想想它们是怎么产生的？跟自己辩论一下，它们不好在哪里呢？给别人造成伤害了吗？是真的不好，还是想象中的不好呢？

迷茫：对未来的期许会用“伪焦虑”绑架你

你不敢让自己变得更好

小云是一名小学语文老师，她的公开课评比在市里选定的拟定者名单中。领导让她继续参加省里的比赛。她的第一反应是受到了惊吓，觉得自己不可能被选上，于是推辞说：“我不行，能不能让其他人去？”领导笑了，安慰她说：“别人可没有在拟定者名单中，只能你去！”

后来平静下来，小云觉得既然自己被选上了，那就好好准备省里的参赛。但此时学校又决定让其他人去参加另一项语文公开课比赛。小云得到消息，暗自思忖是不是自己被替换掉了，领导还没好意思告诉她，并开始后悔当初的推辞。她就这样在煎熬中度过了一个星期，总是为一些不太可能发生的事情而担心。

小云的焦虑是一种“伪焦虑”，它的意思是“为不必要焦虑的事情而焦虑”。

“伪焦虑”也许是这样的：你担心找不到好的工作，一辈子也不可能实现财务自由；你跟某个在乎的人互动，对方抛来一个你认为颇值得玩味的眼神，你担心自己说错了话，后来两人的关系就淡了。

可是后来的事实证明，你进了一个还算满意的单位，收入比刚进来时提高了不少；虽然你感觉冒犯了对方，但对方并没有疏远你。很多令人焦虑的事情并没有发生。

“伪焦虑”和正常焦虑的区别在于：是否是针对一件实实在在的事情。比如你的车追尾了，你需要检查有没有人受伤，察看双方的车况，协调怎么解决，或给保险公司打电话。这一系列的思考和行为都伴随着焦虑，但这是正常的适度的焦虑。

但如果你一开车就想着今天会不会追尾，追尾了该怎么办，或者你害怕出意外干脆就不开车了。对开车这件事情的担心就是不必要的焦虑，即“伪焦虑”。

有人说，容易感到焦虑的人都生活在“未来”。是的，被“伪焦虑”充满的人总是担心未来不是想象的那样，担心时间和环境变了，自己却没有变得更好。

拒绝外界强塞给你的焦虑

那么，“伪焦虑”是怎么发生的呢?

首先，事物的不确定引发了失控感，从而使人感到焦虑。人都需要安全感，只有安全感才会带来放松和惬意，而安全感是通过“可控”来实现的。比如你渴了要喝一杯水，你的身体要能够控制你的手臂和手去拿到那杯水；你需要妈妈的爱抚和充满爱的眼神，你知道只要张嘴大哭妈妈就过来抱你了。

你能够想象你特别想喝水却不知如何使用你的手吗？或者无论你怎样哭闹，妈妈呈现给你的都是一张面无表情的脸，你会有什么感受呢？很可能是“这世界太可怕了”。而一个随时可能发生意外的境况也是不可控的，人处于其中会感到很紧张。

我有个来访者说，他在生活中唯一感到轻松的时刻，竟然是每天的通勤时间。因为去上班的地点是确定的，坐多长时间的车也是有数的，这样小小的确定感会把他从对工作的焦虑以及在合租房内随时可能被打扰的焦虑中暂时解脱出来。

其次，外界环境的变化会引起人与人之间的比较。随着社会的发展，每个人的出身不同、受教育程度不同、机遇不同，得到的发展也不尽相同。这厢你兢兢业业地工作加班，那厢你的同事、朋友却靠拆迁获得了百万千万补偿，你的焦虑瞬间而生。你感觉自己很挫败。

有个表弟跟我吐槽说，他的同学在北上广的设计院已经可以独立设计建筑图纸了，他还待在一个二线城市的设计院，干的还是描图员的活儿，这工作干下去什么时候才是头儿啊！

没有比较就没有差距，没有差距就不会有焦虑。

再次，有些焦虑是外界和他人强塞给我们的。网络无处不在，没事刷个手机随时都能看到令人焦虑的信息和观点。有一次，我的朋友看到一篇文章，是这样说的："你的存款有500万吗？没有你就是穷人，除了挣钱啥也别想！"她说她看到这句话一夜没有睡着觉，好像瞬间被剥夺了轻松活着的权利。

越是与近距离的人比较越容易带来焦虑，包括父母、伴侣、朋友等。有一个来访者，她妈妈总是吓唬她，经常说"在外面吃饭会有传染病""人家不搭理你就证明你笨，说话不中听"，她就很焦虑，但又不知怎么改变，因为没有一个明确的标准表明怎么样妈妈就能满意了。她打算让女儿就近读小学，她的朋友又说："那怎么行？小学要上重点，你看大家挤破头都要去××小学呢！"

当你处于一个充满焦虑的世界，想不焦虑是很难的。

化解焦虑六步走

当我们被“伪焦虑”填满的时候，我们该如何缓解自己的焦虑呢？不妨从以下几个方面去着手：

1. 将事物具体化、清晰化

生活中你选择做哪些事情？你做事的动机是什么？是现实因素，比如不干活就没饭吃，还是为了满足他人的期待？或者纯粹是出于兴趣？这件事情用哪些方法可以做到，或做到什么程度就可以了？很多时候我们焦虑是因为没有将笼统的事物细分，事物越具体、越清晰，也就越可控。

2. 对于不可控的事物，放手是最明智的做法

对于不可控的事情，我们能做的只是安于当下，把手头的事情一点一点做好，无数个确定的现在，将会汇集成确定的将来。从这点来说，安于当下就是最好的可控之法。

3. 练就自己的标准和规则

有个给广告公司写文案的朋友，一开始她摸不着这行的“道道儿”，总是失眠。后来她大量地写，但是遵循三个原则：一是用自己熟悉的材料；二是不写无感或不喜欢的产品；三是努力搞明白客户要什么。一年以后，她已经很有笃定感了。

人在行为、处事、思想等方面都不是一开始就成熟的，想要变得成熟，无不是经过大量的尝试、挫败与坚持。在这个过程中，规则和标准将会逐渐练就，哪怕与人合作，也要搞清楚对方的规则，这最终也是自己的规则的一部分，这会成为我们远离焦虑的好办法。

4. 去行动

如果你既想换工作，又不愿离开目前的单位；你既想去某个人少景美的地方旅行，又担心那里不是你想象的样子，从而一无所获。这表面上看起来是你不知道自己想要什么，但其实是你害怕改变。因为在变化的过程中，我们会有很多机会看清自己想要什么。没有改变，就只能固守着一个点终日焦虑。所以才有人说，抵抗焦虑最好的办法就是去行动。

5. 看到自己的价值

如果你什么都不做也会焦虑，因为有一堆需要做的事情等着你，那么这种拖延就说明你看不到自己的价值，就是说你不知道自己能做什么、喜欢做什么、你是谁，你只是被环境、被他人需要着、要求着去做某些事，但这些都不是出于你的意愿，你还没有意识到要去拒绝。

6. 把自己和他人分开，不背负他人的焦虑

当身边的人总是向你传递焦虑的时候，你有不听的权利，因为那只是对方的焦虑。你需要用自己的思维去分析那些焦虑变成事实的可能性，然后坚定自己的想法，替自己负责。

综上，适度焦虑是人类生存的正常状态，可是“伪焦虑”却会成为幸福的阻碍。我们需要做到在乎每一个当下，这不是说未来不重要，只是未来是通过规划和行动到达的，而不是通过焦虑的情绪到达。愿我们都选择做一个明智的不被“伪焦虑”捆绑的人。

如何正确看待焦虑?

1.你要知道，人都会有烦恼，而烦恼是解决不完的。

2.行动越少，焦虑越多。反之，行动多了，焦虑也就相应减少了。

3.试着对不必要焦虑的事情放手，我们不会因此死掉，也不致于因此崩溃。

自责：羞耻感是让你不断坠落的深坑

当人经常被否定，会发生什么

我的来访者L，是个固执且不做任何决定的人。

比如她在一家店里买了一套内衣，回来后发现上面有一团黑的东西。虽然她明白那可能是在机器制作过程中留下的瑕疵，但仍是不放心，想要拿回去换。所以问题也就来了：如果去换的话，店员可能会嫌她事儿多，或告诉她内衣一律不准退换；如果不换，又担心会有传染病（虽然她认为这种可能性很小，但也不是没有）。因此她就把换不换内衣这个决定抛给她老公，可是老公给她任何一个建议，最终她都不会满意，继而把责任推到老公身上，告诉他："你给我出错了主意，都是你的错！"

类似的问题她也会带到咨询室来询问我，我不会替她出主意，只是和她一起探讨哪个决定会带来什么可预料的结果。有一次当我们一起讨论她买不买某种减肥贴的时候，我问她买了会怎么样，不买又会怎么样时，她说："我妈会对我说，我早就告诉过你那药不管用，要是管用大家不都买了吗？所以我不敢买，怕白花钱不顶用，但是不买的话我又不甘心。"

我说："买了，就甘心了，毕竟那是自己想做的事情。即使不管用，外用的减肥贴也不会有什么副作用，而且那个钱你也完全掏得起。妈妈没必要把'不管用'这个责任放到你身上。再说，你不告诉她，她怎么可能知道你做了什么事情，然后再去贬斥你呢？"她很崩溃地说："你不知道，就算我不告诉她，我自己也会责怪自己做了错事！"

我恍然大悟，瞬间明白了之前我们一直探讨的有关女性贞洁的问题，为什么迟迟不见进展。好几次L曾对我说，她认为自己一切不幸的根源就在于婚前和她老公发生了关系，老公的家庭条件她不满意，却又不得不嫁给他。所以她特别恨他，用她的话说便是："他既然给不了我想要的一切，为什么还要和我发生关系呢（言外之意，是老公做错了）！"

我一度试图去调整她的认知，让她意识到现在不是古代，女人对于两性关系的看法也有必要随时代而变化。可是她却拿明星当例子，来向我证明即便是容忍度较高的现代社会，大众仍脱不了谩骂当事女性的思维。然后她问我："这难道不能说明不守妇道就是做错了吗？"于是我们有几次的工作内容就变成了讲道理。也有讲通的时候，但过了两周回来，她的看法就又变了。那时我觉得，自己的工作方向是不对的，但一时又找不到出路。直到买减肥贴的事件出现，当她说"就算我不告诉她，我自己也会责怪自己做了错事"时，我意识到她是在告诉我，无论她做任何选择，都是错的，错了就该被指责，如果别人不指责她，她也会自责。

所以她不做任何决定，却又因不能决定而遭受痛苦。她把决定的权利交给别人，自己则安享被决定的命运。如果被决定的哪个事情结果不如她意，她会控诉或埋怨他人，认为都是别人导致了她的后果。如果有人告诉她"你没有错"，她不会相信，反而引经据典，与人展开辩驳。她的智商很高，她会把对方驳得精疲力竭、举手投降，忍不住大呼"好吧我错了，你是对的"。就这样，她用拼命证明"我错了"的形式成功证明了自己的错误。这就是L的人际互动模式。

面对L的固执和不肯做任何决定的做法，我经常陷入沉思，思考在她身上到底发生了什么。

毫无疑问的是，从小父母就不接受她的任何负性情绪，每当她表现出不满或焦虑时，她妈妈总是会皱着眉、捂着头说："别说了，我头疼。"这个时候爸爸就会说："你看你，又惹你妈不高兴了。”

妈妈容不得L说谎，每当她觉得L的话有出入，就会试探性地一直提到那件事。L对我说：“你不知道，那种试探就像针一样，过一会儿扎你一下，没个停的时候。”这也让我深刻理解了L的某些认知，她固执地以为所谓的诚实就是实打实的实话，不论那些实话是不是适合当时的场合。

她妈妈本人也是个非常焦虑又充满恐惧感的人，她会把一件事情想得无限糟糕，以点带面，就像在宣纸上滴了一滴墨，慢慢地整张纸都被染黑了。

总的来说，L的主要关系充满了被否定的意味，而这种否定原本是她妈妈将太多自己不能接受和恐惧的东西投射到L身上去。所以在她妈妈眼中，L说什么、做什么、想什么都是不对的，同时也并没有表明什么是对的，这使得L经常以辩驳甚至狡辩、发泄的方式挑战人的底线，以寻求某种认可，从而建立边界让自己感到安全。

羞耻感是怎样阻碍了个体的发展

L的感受可以总结成两点，第一，负性情绪不允许表达；第二，羞耻感过强。很难说这两点是不是在交互作用：表达负性情绪本身就被认定是羞耻的。而羞耻感过强，个体又会承受更多负性情绪，比如愤怒、抑郁、焦虑，这在行为上会表现为自我攻击和攻击别人。

羞耻感是这样一个恶性循环：过多负性情绪指向“我不好”——我想要更好一点——但我觉得自己不配——攻击自己——我更加不好。

一般来说，羞耻感有三个来源。第一个部分是人生来就有的，是人类特定的，它与性有关。

第二个部分是被人投射到身上的。比如L的妈妈因为自己内心有太多不被接纳的部分，又从不允许它们被诉说，就只好将其投射到无辜的L身上。

第三个部分是他人的无界限行为给自己造成的糟糕体验，比如被粗暴地对待，包括言语羞辱和对身体的折磨，以及不经允许就公开自己的隐私、侵入私人领地等。

撇开生来就有的那部分，在与妈妈的关系中，后两种伤害L全占了。但是客体关系理论也指出了，一个人曾遭受怎样的对待，他也会怎样去对待他人。L不止一次地问我：“你会不会被我搞疯了，不再跟我做咨询了？”我回应说：“我很好奇你为什么这么说？”她说：“我身边的人都这样评价我，他们不喜欢跟我长期待在一起，我也很讨厌自己这样。”

我很理解，L的人际关系很单薄，她几乎没有朋友，在与同事的相处中，她总是担心别人会怎么看待她。她渴望拥有美好的关系，但她与人互动的模式又常常给人造成压力——她会不自觉地使对方觉得自己不够好、不配、很糟糕，总之她想通过关系将自己遭受到的无价值感再让别人遭受一遍，以博取深深的理解。于是在她的现实生活中，越是亲密的人，越是容易痛骂、指责她，或者以跟她吵架的方式来缓解自己的愤怒。

是时候丢掉消耗自己的执念了

固执，或称某些执念，无一例外是关系带来的。执念也会限制我们向外的拓展。它是一种负担或束缚。其中最重要的一种执念是：我不够好。一旦认为自己不够好，什么都不配，好生活不配，被爱不配，有价值不配，人活着还图什么呢？

除此之外，“不配”的感觉还会消耗前进和发展的动力。我们都希望轻松地活，希望有盼头，希望未来会更好。可什么是轻松和有盼头呢？它是指我知道自己有哪些不好和不尽如人意的地方，但是无所谓，我会和那些不好和平共处，因为它们都是人性的一部分。

和平共处有什么不好？你好我好大家好，活着最重要的就是开心嘛！

那么，如何与“我不够好”的执念和平共处呢？换句话说，如何能够不让羞耻感破坏生活和自我发展呢？

第一，你需要识别自己的羞耻感比较容易在什么状态下产生。比如有人在无力保护自己的时候会感到羞耻，在被指责的时候会感到羞耻，或者在被曲解又无从辩驳的时候会感到羞耻。这种时刻分辨得越精细，越容易澄清许多羞耻都是不必要的。

第二，很多情绪和行为容易掩盖羞耻感，比如愤怒、抑郁，攻击他人和自我攻击，你需要意识到当你产生这些情绪或行为的时候，是不是正是自己感到极为羞耻的时刻。但你为什么会产生这些情绪呢？有可能和别人侵犯或不公平对待你有关，比如你被偷窥，你不完美的身材和无伤大雅的怪癖让你觉得颜面扫地，你会感到羞耻。但应该感到羞耻的其实是偷窥者，而不是你。

第三，你要知道，某些羞耻感是与生俱来的，没必要也不可能全部抹去。一定的羞耻感会让自己严格要求自己，从而取得更好的成绩。从这方面来说，它等同于羞愧，羞愧的补偿行为就是对羞愧的那一方面具有“上瘾性”——越羞愧越要求自己做得更好。

第四，你还需要知道，有很多羞耻感本不属于你，是被别人强行“扔”到你身上的，对此最好的做法就是“还回去”。比如父母（或其他重要的人）对一些其他人看来并不那么羞耻的事情缄默不言（或用一些奇怪的表情、动作、手势等将其掩盖过去），你因此也认同了那是羞耻的。可是，感到羞耻的是他们，而你并没有做错什么，你为什么要承担那份羞耻呢？

如果你能清醒地意识到，自己的羞耻感是怎样让自己产生“我不够好”的执念的，那么你会对自己羞耻的状态有所掌控。掌控就是我知道它是怎么发生的，我知道我并没有做错什么，我也知道有些羞耻并不属于我，我没必要大包大揽替人承受。

这种对自己的掌控能够很好地让你免受羞耻感袭来的折磨。你能够很好地消化它，也就没必要让它蔓延到外界去，以影响你与世界、他人的关系了。

羞耻感是一种很隐蔽的情绪，每个人身上都或多或少存在。正常的羞耻感不会影响人的社会功能，还可以用幽默巧妙地化解掉。而过多的羞耻感则与被虐待、被羞辱以及他人的投射有关。我们需仔细分辨羞耻感的来源，并思考我们经常用以应对羞耻感的方式是什么，还有没有更好的办法，等等。另外当我们没有做错什么却依然感到羞耻的时候，应支持自己将不属于自己的羞耻感“还回去”。

第二章

坏情绪的消解：深度清理错误思维里的顽疾

你的人生不是命中注定的死局

突破你的心理模式

我们都会意识到自己想要追求幸福，但潜意识中我们都是在追求自己已经习惯了的模式，无论那是不是好的。这是致命的诱惑。

越越说，她被她的朋友拉去听了一场名人演讲，这个名人是位女性，很年轻，有很多响亮的头衔。这个名人的生活和工作一般是这样的：早晨 4 点起床，晚上 11 点结束工作，即便在嘈杂的人群中也能迅速进入忘我的工作状态，休息时间则用打太极拳的方式增加体能。

越越说，名人就是名人，她能感觉到这个名人的生命力是那么旺盛，精力那么充沛。她也想拥有那位名人的生活和工作方式，让自己高效运转起来，而不是像现在这样做着枯燥的半死不活的工作，拿着微薄的工资。

我说："那你就去啊，你不用早晨4点起床，6点起床就足够了，40分钟用来做早餐、吃早餐，8点上班，你还有一个多小时的时间可以支配。"

她说："时间挤一挤都会有，可我要那些时间干什么啊？"

我说："你的英语不是学得很好吗？你不是打算考翻译证吗？赶早不赶晚。"

她说："这个提议挺好的，但是我总有一个很隐蔽的想法，我觉得我不能这么勤奋，这样很可怕你知道吗？"

后来我们就这个问题聊了很多，她终于说出，只有"笨人"才需要勤奋，勤奋也代表着"不是那么聪明"，既然不聪明，就不会取得多么高的成就，她很害怕自己努力了一番最后效果不理想，那不就更证明自己的确很"笨"吗？所以她一方面很想去系统地学一下有关英文翻译的课程，一方面又有一股力量在阻止她那么做。这些想法搞得她很难受。

如果说真有什么力量在阻止她做想做的事情，那也只是她自己，因为她正经历着一种致命的诱惑，那种诱惑隐而不发，秘而不宣，很多年来她都不曾察觉。

我问她，"只有笨人才需要勤奋"，这种想法是怎么来的？

你是在说全世界有头有脸的人都很笨吗？因为人家都很勤奋。她说，那不一样，人家已经成功了啊，就不算“笨”了。她想了想又说，我记得小时候我爸经常说“聪明的小孩儿不需要努力，成绩就会很好”，我也是不怎么用功学习的学生，成绩也还可以。但是后来读大学甚至工作以后，我发现整个需要学习的系统根本不再是小时候的那种学习方式，我心里一下子没了底儿，又不敢太努力太勤奋，这个状态真是让我挺抓狂的。

因为担心自己太努力了，万一得不到意料中的结果，就不再是一个“聪明小孩儿”了，所以干脆不努力、不勤奋，这样的话即便没有多少成绩，至少不会让自己崩溃。

好吧，有时候我们非常渴望的事物不是诱惑，我们不曾察觉的心理模式才是诱惑。

一再重复的情绪模式

我的来访者小F，她经常被吃饭问题搞得筋疲力尽。原因是她认为自己不能照顾自己，只能求得他人，比如妈妈、婆婆、老公、姑姑，做饭或订餐给自己吃。她的理由很充分：

我不喜欢吃自己做的饭；

饿了不马上吃就会吐；

吃得不舒服也会吐；

有时候我光想想“吐”这个字，也会吐；

我不能允许自己吐，因为吐了会控制不住地浑身发抖，那太可怕了！

所以吃饭这个事情使她不能离开家，不能离开可以照顾她的人。但她对生活环境又非常不满意，她想到一个陌生的地方重新开始她的工作和生活，可每每燃起这个希望，某些限制性因素又会狠狠地将她打回抑郁状态。

曾有一段时间我对她充满了愤怒，因为我们总是在意识层面上玩“思辨游戏”，我努力让她接受我的说法，但她有一百种理由让我认为自己的观点不足信。后来我意识到自己的反移情，原来在她的生活中，她就是这样被迫接受“别人以为正确”的观点的。人人都想改造她，想让她按照自己认为对的方式去行动。而且她妈妈是个绝对不能接受负性情绪的人，一旦她表现出任何害怕、焦虑、颓废的情绪，妈妈的反应要么是厌恶、不屑，要么是也被吓到的样子。于是她的情绪就没有了宣泄的出口。她由此发展出的信念是：有情绪是不好的，甚至因自己的利益受损害而产生的发泄行为也会遭报应。

由此可知，她的“吐”代表了什么：不好的东西一定要吐出来。当情绪没有出口的时候，胃就代替了发泄的功能。

在她的生活中，“不被理解”是一个主要模式。这像一个咒语，一再使她做出不被理解的行为。比如她认为自己嫁得不好，一生都毁了，她常因此觉得委屈、愤怒，却又不敢公然表示什么，只好在父亲面前痛哭。她祈求父亲能够可怜她，至少可以安慰她一下。以前她生病都是父亲带她去看医生的，但是那一次，父亲非常厌恶和恼火，大概是父亲实在不清楚她想要什么吧。但是父亲的反应又印证了她的信念：我都已经这么痛苦了，你还一副冷漠的样子，我就知道你们不会对我好！

似乎，不敢表达要求，只能用痛哭的形式发泄不满，就是为了完成一个模式——这个世界没有人可以理解接纳我！

“没有人可以理解接纳我”，这种清冷的感受从早年就被植入了她的内心，虽然这种感受很不好，但是它很熟悉，所以在之后会被一再重复。重复是因为，熟悉感是一种诱惑。

熟悉感是一种诱惑

熟悉的东西带给人安全感。因熟悉而进行的自动选择有一个别称，叫作“命运”。

当你说“我命不好”的时候，也许会有一种深深的无力感充斥你的内心，外部世界也会因不好的暗示而给你的生命带来严重阻碍。于是你越发认定自己命运不济，也懒得去抗争些什么。

在我看来，一个人身处的环境并不是理所当然的命运安排，往往是对待环境的无意识态度，才导致了生活中的困苦。当我们懂得自己的心理模式或内在信念是什么时，我们就渐渐远离了那种致命的暗示，新的可能性也就展现在面前了。

如果你问："如果我找到自己的内在模式是什么，就能够改写自己的命运吗？"多数情况下是这样的。人的无意识是个很神奇的存在，它无时无刻不在努力地帮助人们适应环境、发展自我。但它需要被理解、被看到。当你能够准确地理解它，这本身就是一种能量，这种能量会给你的意识带来灵光一闪，让你瞬间开悟。

一如本文开头提到的越越，她意识到看起来是"聪明"限制了她，但其实是她害怕和事物真正去连接，害怕将自己真正投入事物中，因为她没有这种正性的体验。随后她恍然大悟，原来勤奋的含义指的是"有目标、有兴趣，从而持续投入精力"这样的一个过程，而不是她此前以为的"聪明可以搞定一切"。当她意识到这一点的时候，她很兴奋，很自觉地改变了一些行为方式，比如她买了一批"床头灯"系列英文名著，配合音频每天早晨听40分钟。

如果你说："我理解了自己的内在模式是什么，但还是不能做出改变。"那么极有可能你理解得不准确，或者你深信自己太弱小，不想承担改变带来的痛苦和责任。就像我的来访者小F，她的内心有太多恐惧，那些恐惧像四面不透风的墙将其包裹得紧密而严实，以致她看起来是个成人，但恐惧却让她一直停滞在孩童时期。

有一个词叫作“幻想式崩溃”，它带来的感受是这样的：“我一辈子也就这样了”“事情没法办”“还能怎么样啊”“等我过完这个生日/过几天/做完这件事就去死”，等等。我们因为崩溃的体验而不敢对生活有任何期待，也不敢对生活进行任何探索。

我很想说，人都是一体两面的，比如阴和阳，现实和幻想，物质和精神，意识和无意识。我们不能只揪住一面而忽视另一面。就拿现实和幻想来说，实践是在现实中的通行证，如果没有实践，整个人会掉入幻想中，这也是恐惧的来源。

如果我们对自己多一点信任，哪怕战战兢兢地将一只脚跨出舒适区，也许就离今后的开疆拓土不远了。在这个过程中，我们的自我价值感会被一再确认，这又会反过来增强自己的勇气。

因此，当我们想说“我的命不好”时，不必相信这个谎言，要相信自己的真实存在。想一想从此刻开始，我能够为自己做点什么？我有什么？我怎么利用已有的资源？我可以承担的方式又是什么？如果你肯换个看待问题的角度，也许现状就变成了实现自由的双翼。

当我们总是遭遇事与愿违时该怎么办?

1.花大力气找到我们的内在模式是怎么运作的，比如我们的信念，或我们通常是如何应对困难的。

2.从实践开始，改变不合理的信念或模式，想想可以为自己做点什么。

3.不要因为改变太小而否认这种成功，相反要及时奖励自己。奖励的内容应是自己真正认同和喜欢的。

思考力的限制正在反复拖累你

不可理喻的道德判读

很早以前听朋友讲过一件事情，她的某个客户又哭又闹地跟自己当保安的前夫离了婚，然后嫁给了一个银行行长。这个客户二婚以后又生了一个小女儿，行长每月交给她六千块钱，每周回家两天，周末和节假日都待在前妻那里，逢年过节也依然带着前妻和前妻的孩子回老家。这个客户二婚以后的生活可谓不那么美满。

所以，我的朋友就由此得出一个道德判断：挣钱只能靠自己，想通过婚姻获得钱财，是不会有好下场的。

难道，只要嫁给一个行长就一定是图他的钱吗？婚姻不幸福就一定是“心术不正”带来的必然结果吗？

在网上看见一个帖子，说一个女孩和一个男孩恋爱8年未走入婚姻，于是女孩向男孩索要“分手费”20万，男孩并不是富有家庭出身，拿不出这笔分手费，付了5万以后就再也没有跟女孩联系过。女孩愤愤不平，在贴吧里贴出了她的遭遇，并痛斥男孩的不负责任。

还有一个读者给我留言说，她妈妈总是劝她生二胎，还说一定要生个男孩。关于生不生二胎这事，她老公和她婆婆没有发表过任何意见，只有她妈妈在不停地念叨。这让她很烦躁。她妈妈这样告诉她：“乡下人怎么可能不重男轻女，你要是不生个男孩，小心你老公有外遇，我劝你生是为你好！”

这个读者说，平时她和妈妈的关系很好，但只要一提到二胎，她就免不了要和她妈妈吵架，虽然她知道妈妈不会害她，她也知道生不生二胎是她自己的事情，可还是控制不了自己的情绪，为此妈妈骂她不知好歹，她说妈妈恶毒，母女关系因此急转直下。所以她很困惑地问我：这到底是怎么回事？

你的判断从何种观念而来

很多时候，我们不懂得进行个人化的思考，不敢坚守自己的阵地，而是自动把集体的、大家的观念当成是自己的东西，从而快速做出价值或道德判断，并以此评判别人或以此标准去行事。

> 集体的态度阻止我们对一种有别于主体心理的心理进行了解和评价，因为具有集体取向的心灵除了借助投射方式之外，无法以其他任何方式来进行思考和感觉。

这句话出自《荣格文集》。当我看到它的时候，我有一种清明在躬的感觉。

这句话是说，如果你发现自己很容易、很快地就做出了价值或道德判断，那你应该好好去觉察这到底是你自己的个人经历导致如此，还是你对集体观点的一种认同。

比如，和当保安的丈夫离婚再嫁行长，这种人就是为了钱而结的婚，这样的婚姻注定不会有好下场，这是真的吗？这种观念是怎么来的？幸不幸福满不满意只有当事人才知道，外人是没有资格去评判的。

比如，女人恋爱未修得正果，就是浪费了青春，以后就“不值钱”了，这种观念是谁灌输给你的？请问你谈过几个8年的恋爱？你怎么知道以后不会遇到更好的人？只有把自己放在低下的位置才会想到以分手费作为赔偿，不然，从未觉得自己失去了什么，又怎会想到应该得到赔偿呢？

再比如，关于重男轻女这件事情，对于上面那位读者的妈妈来说，到底是女儿的婆家真的重男轻女，还是她把自己重男轻女的观念投射给了女儿的婆家？按那位读者的留言看来，婆婆并没有提到生二胎，只是妈妈自己很在乎生不生男孩，所以才一再劝女儿生二胎，以防女婿出轨。妈妈把这种自己不能承受的焦虑扔到了女儿身上，美其名曰“为你好”，女儿认同了，才会不堪重负。这大概是女儿所说的烦躁的原因吧。

命运其实是个谎言

生活中我们对某些事情总会有自己的价值判断，它们来得快而迅猛，主宰着我们的头脑，好像我们不是自己的主人，它才是我们的主人。

没有背景的年轻女孩开了辆宝马或奥迪，会被说成“傍大款”；花很多钱买了个不起眼儿的东西，会被评价为“笨，被骗了”；职场一帆风顺，升职一路绿灯，这是“有背景”；家庭妇女十年如一日地操劳最后被抛弃，这是因为“活该，谁让你不思进取呢”；不能说别人坏话，哪怕再恨那个人，否则“会遭报应的”……

在许多事情中，我们并没有亲历的经验，却一点都没有少作判断。那到底是别人的看法，还是自己的体悟呢？那是集体的偏见，还是个体的盲从呢？

集体的态度很多是经不起推敲的，比如面对青春期的孩子早恋时，老师和家长的态度一贯是摒弃和打压，可是早恋这个问题真的如洪水猛兽吗？你是因为自己吃过早恋的亏，还是因为大家都在讲“早恋是不好的”而排斥早恋呢？

集体的态度只能通过投射的方式在人群之中“蔓延”：我是这样认为的，那么你肯定也是这么认为的，你要不这么认为，你还会怎么认为呢？

这其实也是一种固执：我认为你是怎么想的，你就一定是怎么想的，至于你可能会有其他不同的想法，我不理解我也不打算理解，因为那太费劲了。这不是固执，还能是什么？

如果你有很好的思考力，你就会逐渐发现集体态度的本质，即蛮横、固执、偏颇。

从集体思考中走出来

我有个朋友，她跟我讲，她最讨厌她父亲和她爷爷那样的人。什么样的人呢？用她的话说就是“倚老卖老、不听劝、总觉得自己是对的、自动屏蔽别人的意见和建议、控制欲极强”的人，说得特别形象。这样的人丢失的是思考力，你原本也不能指望生活封闭、年岁渐长、不读书看报、甚至大字都不识几个的人会有什么思考力。

那么，一个高学历、生活环境相对开放的人就一定会有思考力吗？并不见得。如果他从没有“把自己从集体的态度中拎出来”的这种意识，多问几个“这是真的吗”，以及思考自己“如果不遵从集体的态度，我害怕的是什么”等一系列的觉知，思考力和学历、生活环境也不会扯上多大关系。

所以我们一定要警惕自己的“快速价值和道德判断”，如果对一个事物快速做出了反应，就要去觉察这到底是我自己的结论，还是被集体的舆论所带跑的。假如自己并没有类似的经历，那就只能抱着一种“我什么也不知道”的敬畏之心，思考“我到底从哪里接受了这样的观念，又是谁给我灌输了这些”，从而把自己与他人分别开来。

这其实是一个解决“我是谁”的问题的过程。

如果我们努力这样做，我们就知道如何看待一些事情，并对自己的观点保有笃定感；如果我们努力这样做，我们会时刻对自己保有觉知，会越来越清楚地知道自己是谁，哪怕生命有限也值得了。

如果没有这种觉知，那我们就只能淹没于集体当中，以别人的头脑为头脑，以别人的行动为行动，行尸走肉般地度过一生，谁又能证明自己是活过的呢？

如何提高自己的思考力？

1. 提炼自己的感受，并相信、尊重这种感受。

2. 设身处地地理解他人。

3. 懂得“理解不代表接受”，即承认他人想法的合理性，但这不代表自己也会持相同的观点或按这个观点去行动。

4. 多读书，多思考。

理解负性情绪背后的真实诉求

岁月教会我们接纳自己

我有一个朋友小K。多年前，他将自己描述为“一个孤僻、自卑、傲慢、怀疑的男孩”，他的目标是“成为一个传播正能量的男人”。

但多年后的现在，他又说：“我现在特别讨厌别人说我正能量。我现在知道什么都不是绝对的。”

贫寒、离异的家庭使他形成敏感的性格，可现在我们会在他写给儿子的信中看到，他已经变换了角度，接受了自己所有的不完美。

正是随着时间的流逝，更多经历的发生，以及对自身的反思，他终于认识到接受自己的全部，才可能获得真正的幸福。

尊重内心的负性情绪

很多人都乐于看到被好情绪充满的自己，例如喜悦、开心等，讨厌被沮丧、愤怒等情绪所裹挟。

实际上负性情绪是一个个信号，借由它们我们得以调整自己对待世界和他人的态度，并看到真实的自己。如果一味逃避或压抑那些负性情绪，我们就会被冲突所左右，被细小的生活事件“撕裂”成碎片。

我们原以为逃避掉负性情绪会变得轻松、幸福，可实际结果是带来了更痛苦的体验，这种掩耳盗铃的事情让它停止发生吧！

有个朋友最近经历了抑郁情绪。我问她发生了什么，她把这些天的事情讲了一遍，我直觉地认为，她的抑郁情绪和以下事情有关：

> 老家的表弟来她所在的城市出差，并打电话说过几天要来家里拜访一下。
>
> 她很抵触这样的事情，第一，她和表弟多年没有联系，见了面也不知怎么招待；第二，她很清楚表弟做的生意和

她老公所从事的行业有很大关联，表弟来家里并不是看望她，而是借老公拓展业务。

拓展业务也不是不可以，但作为亲戚好像就有了特权：不必按照行规提前说定怎么拓展，收入怎么分成。

但她不能拒绝表弟来家里，甚至要收拾出房间给表弟住——家里有四居室，再去订酒店未免让老家人说见外。

她就这样陷入了抑郁中，每天萎靡不振，浑身无力。我跟她说："如果你不喜欢，可以不让表弟来家里啊，至于生意的事，让他直接跟你老公联系不就行了？"

她说："那不是很冷漠吗？我平时一年回不了老家一次，本来跟大家接触就少，人家来了都不见面，哪有这么做姐姐的！"

我又说："他拿你当姐姐了吗？他真拿你当姐姐，感情深厚的话，你怕早早就订好餐厅，收拾好房间等他来住了，还用抵触吗？你说你冷漠，我倒觉得那是因被索取而产生的愤怒，这不是冷漠，这是维护自己好吗！"

后来朋友推说孩子的辅导班太忙，没时间招待，让表弟直接和她老公联系。而她老公也只和她表弟匆匆吃了顿午饭，而表弟也只要求她老公给他"找活儿干"，再没说别的。

这事过去后，朋友说她想明白了一个"道理"，即接受自己对某些人就是很冷漠的事实是很舒服的。以前她经常做着"冷漠”的事，却又害怕自己是个“冷漠”的人，深究原因她发现，她妈妈经常把亲戚放在很高的位置，认为亲戚的事情就是自己的事情，就算勉为其难也要去做。她认同了这一点，同时也担心如果妈妈知道她没有好好招待表弟，会埋怨她不懂事。她就这样通过压抑自己、满足他人而将自己推入了抑郁情绪中。

现在她终于知道，接受负性情绪传递给她的信息并尊重自己的感受才是最人性化、最合理的方式，这会让她有真正活着的感觉。

在情绪里发现真实的自己

很多人对抑郁情绪有着误解和偏见，每说到抑郁情绪就会联想到抑郁症，毕竟抑郁症是现今社会提及频率比较高的一个词。但实际上抑郁情绪是每个人都有可能遭遇的一种感受，但不是每一个人都有“症”的表现。现实生活中我们也许会听到这样的话：

> 你看起来性格挺开朗/善解人意的，怎么还会抑郁/有负面情绪呢！

如果你是当事人，你听到这样的话有什么感受呢？也许更沮丧，更愤怒，因为被人架到了“不应该有情绪”的境地，你与那些否认你有情绪的人之间隔着一层厚厚的看不见的东西。如果你也否认自己的感受，责怪自己“为什么别人都能高高兴兴的，我怎么就不会呢”，那无疑会对你的心理产生更坏的影响。

因此我们需要懂得，负性情绪是正常的心理反应，没有好坏之分，重点在于我们如何对待它。觉察，是接受它的第一步。

比如你感觉到了愤怒，这也许是出于你想控制别人而不得，此时你就知道“我应该尊重对方的想法和选择”；也许是他人侵犯了你的边界，就像对方没有经你同意就把你的照片发朋友圈一样，此时你应捍卫自己的权利，告诉对方“我不高兴，请你立即停止这样做”；或者像我的朋友一样偶尔经历抑郁情绪，她应该觉察自己在多大程度上没有关注自己的感受而去关注了别人。

有情绪并不代表我们自己是不好的，它只是向我们传递信息，我们可以从中得知应该如何对待自己。

接下来我们需要进行积极的心理暗示。心理暗示说的是一种内在信念，根据“吸引力法则”，一个人的内心相信什么，她就会得到什么。比如你告诉自己“虽然我现在很难过，但我知道我有能力走出去，我不会一直这样的”，或者“我会处理自己的情绪，没有人比我更了解自己”。

心理暗示一定要是正向的、肯定的，而不是带有否定词语的，比如你可以说“我要快乐起来”，而不要说“我不会再悲伤”。

中医学上讲究一句话：“通则不痛，痛则不通。”这句话放到情绪的疏通上一样行得通。有了负性情绪，不发泄、不表达，它就永远堵在了那里，看似事情过去了，但是身体知道，它还在那里，轻则引起心理不适，重则带来身体的疾病。

发泄包括自写自话，自言自语，或找朋友倾诉，以及寻求咨询师的帮助。在我接受咨询的过程中，经常会有来访者起初情绪高昂，但说着说着自己就搞清楚了事情的来龙去脉。有一个来访者曾这样说：“我还以为是别人把我气到了，实际上是自己找气受！”

每一种负性情绪的背后都有一个真实的诉求，比如有人喜欢拿别人的长处比自己的短处，或者看着别人哪儿都好，自己却一无是处。看起来他是在自我贬低，但他真实的诉求不过是“我想得到你对我全身心的关爱”，或“求求你，抱抱我”！当他看见并懂得自己严重被忽视甚至被虐待的悲伤，他也就不会再通过自怨自艾的方式来表达他的不满、愤怒和委屈了。

有一段话是这样说的：如果你的境遇中充满悲伤，那就容易被悲伤所触动，但你本身并没有这种悲伤；如果你的境遇中充满恐惧，你就会被恐惧所触动，但你并非生来就感到恐惧。

在所有条件反射的背后，我们需要发现真实的自己。

“真实的自己”，看起来像一个哲学命题，但它是一个人的情感能否自如的基础：他能够清楚地感受到自己的情绪、情感或需要，可以接纳自己所有的感受，也可以向他人和世界明确地表达自己。这就是真实。

和一个真实的人相处，哪怕他有各种各样的缺点，你也会很喜欢他，这种喜欢表现的是人与人之间能量的流动，它能够让人享受到关系中的舒服和顺畅。而一个不真实的人，哪怕浑身充满了正能量，相处起来你也会觉得被什么东西卡在了那里，你会有逃跑的冲动。因此，希望我们都成为一个真实的人，在自己幸福的同时也给他人带来幸福！

当处于负性情绪中的时候，我们该如何去做？

1. 觉察自己的情绪，尽量探究它的源头。

2. 进行积极的心理暗示，告诉自己“我有能力处理好自己的负性情绪”。

3. 通过合理有效的途径发泄负性情绪。

4. 学会表达负性情绪背后的诉求。

自视丑陋的人看不到自己的价值

在某期《爱情保卫战》中，男嘉宾埋怨妻子是泼妇，且越来越丑，他不知道娶这样的老婆到底有何用。然而妻子哭诉说，自己一个人带孩子，上厕所都得抱着；老公在家只管打游戏、玩手机；周末出去玩，基本不顾家。有嘉宾指责妻子对老公太挑剔、要求太多、数落太多。

朋友看了以后既愤愤不平，又有所怀疑，于是在微信上问我："你说女人婚后变丑，到底怨自己还是怨老公？"这个问题乍一看挺好回答的，当然是怨那个不懂担当、没有眼力见儿的男人了！

可是往深了想一想，我觉得女人自身也有不可推卸的责任，甚至责任更大一些。为什么呢？因为身体是你自己的，容貌是你自己的，心情也是你自己的，即便由于伴侣的眼界问题，比如他抱定“女人就应该带孩子做家务，男人就应该被伺候”这样的大男子主义思想，为了不让自己劳心劳神从而容颜憔悴，你也有义务去告诉他自己的边界，进行沟通。如果沟通失败，要么你接受他的行为和他的思想，要么漂亮地转身离去。

婚后的女人是怎么变丑的

从生理上来说，成年至结婚前的女性最有魅力，这个阶段的女性皮肤紧致，满脸胶原蛋白，浑身充满了活力，对异性具有强烈的吸引力。随着时光流逝，女性步入婚姻，她们的“野心勃勃”渐变为安心顺目，魅力也就跟着下降了。根据这个原理，如果女性保持自己的“野心”，比如寄情于喜欢的工作，有个可以激发活力和扩大社交圈的爱好，多读一些明理明智的书籍，大可以将魅力保持得更久一些。

从心理上来说，女性认为结婚后获得的安全感会导致身心极度放松，身体迅速发福。与此相对的还有缺乏安全感，比如无论客观情况是什么样，有的女性真的认定自己很丑，也害怕被评价为丑。她们觉得丑是不能被原谅的，且对此诚惶诚恐：丑了伴侣就会讨厌，甚至离开自己。

从社会关系上来说，伴侣给不了支持，工作之外女性需要自己带孩子、做家务、处理所有家庭琐事，她们没有心情也没有精力顾得上照料自己，任由自己蓬头垢面、穿衣随便。

女性婚后看不到自己的价值

什么样的女性算得上真正的丑女人呢？并不是外表看起来不怎么样的女人，无论相貌、皮肤、体型、穿衣风格如何，假如一个外表不怎么样的女人，她很快乐很生动，很有活力，这样的女人其实算不得丑。

倒是那些眉头紧锁、面无表情、苦大仇深，时刻耽于自己的缺失里，固执、敌意重、受虐感强的女人，哪怕她有漂亮的外表，别人也不会觉得她美。

在另一期《爱情保卫战》中，24岁的女孩抱怨男友“以前承诺的都没有实现”，比如结婚——现在都还没见过双方父母；比如“我会对你好的”——现在宁可跟朋友出去玩也不陪她；比如要求他跟自己回家见父母，他不同意，还曾在电话里对未来岳母出言不逊。女孩当初可是顶着父母的压力才留在男友的城市的。

也许很多人都觉得男孩太过分：他说谎，对老人粗鲁，还不愿意陪女友。但导师却对女孩说：

你知道吗？他看不上你！

什么情况下一个人会看不上另一个人呢？就是当另一个人觉得自己是没有价值的时候。

你不在乎你母亲，你要是在乎她你就不会在男朋友吼了她之后还要一心嫁给他；

你也不在乎你自己，因为你只想孤注一掷地把自己交给他。

这种情况下你说“我是为你留下来”，他是感觉不到的，也不会为之动容。

所以呢，你要活得有价值一点！

这话说得真好。女人活得有价值，别人就无法认为她没有价值，也会在乎她、看重她。如果把这份在乎和看重迁移到婚姻中去，婚姻就是一种滋养，被滋养的女人怎么会丑呢？

什么叫活得有价值？就是指一个人觉得自己最珍贵，没有人可以代替她，她也不需要通过别人来实现自己的价值。像上面那位24岁的女孩，她在没有为将来做任何规划的情况下，就孤注一掷地把自己托付给男友，让男友替她负责；对生活不满意，就怨男友不陪伴，却从来没想过自己可以做些什么。如果她不改变现有的思维模式，将来进入婚姻，成为怨妇的可能性是很大的。

怨妇是丑的。她既不独立，又很容易控制，还会不自觉地“牺牲”。但她的牺牲并不是心甘情愿的，她会把牺牲当作筹码，认为自己理应得到更多的回报。这是一种补偿心态，当补偿未完成的时候，她的内心是委屈、不满甚至愤怒的，表现在外在就是喜欢指责、埋怨、挑剔、唠叨。试想这样的女人会带给他人什么感觉？他人难道不会觉得她面目可憎吗？

同时，当她以要求补偿的心态与伴侣互动时，伴侣会恨不得逃得远远的，不沟通、不回应，甚至出轨。这时婚姻就成了一个人的独角戏，而不再是“合伙”。本该由两个人承担的变成一个人承担，又一轮新的指责、埋怨、挑剔、唠叨随之到来，怨妇就变得越来越丑了。

滋养婚姻，要看到自己的价值

1. 不要自责和内疚

承认自己的能力是有限的，做不到或做错了的时候，学会安慰自己而不是苛责。该让别人承担的，就让别人去承担，不要把不属于自己的责任拉到自己身上来。一点一点地尝试去面对自己内心的恐惧，当你的恐惧越来越少的时候，你就能接受事物本来的发展走向，而不会靠自责来幻想改变事物，也不会靠内疚去和旁人进行连接。

2. 爱护自己的身体

保持身体健康和美好的外表很重要，但也不要因此过多地担心自己的魅力正在减少。女人在任何年龄阶段都有独特的美，尽可能地做到自律，并像妈妈照顾孩子那样照顾自己。在这样的过程中，你一定会感到自己很珍贵，不会允许别人随意对待你。

3. 暗示自己你很棒

露易丝·海在《生命的重建》一书中这样说道："如果你轻视自己，就是轻视创造你的力量。"是啊，轻视自己很容易，只看到自己的劣势和缺点也很容易，但你不要忘了，你来到这个世界上从某种程度上来说，也是自己或受某种神秘力量的影响而做出的选择，这种神秘力量在荣格心理学的体系中被称为"母亲原型"。如果你心向"她"，你就不会觉得自己毫无价值，你来到这个世界自有你的使命，能够找到并试着去完成使命的人，一定是很棒的。

4. 寻找一切可能的资源来支持自己

一切可能的资源包括家人、朋友、同事、领导，甚至陌生人。不要害怕求助，也不必觉得欠了人情，你的请求如果在别人的能力范围之内，也许别人很高兴帮助你。支持与被支持其实是情感的连接，人在情感流通的情况下，会感到被看见、被尊重，这非常有利于自我价值感的提升。

5.接纳自己的一切

曾经有读者问我："会有人觉得又黑又胖算美吗？肯定不会啊，别人都不能接受，自己又怎么能接受呢？那不是骗自己吗？"

我觉得这位读者搞混了一个因果关系：不是因为别人不能接受所以自己不能接受，而是因为自己不能接受，才以为别人也不能接受。如果你实在不能接受自己的某个缺陷，可以为此做点什么；如果不能改变客观存在，那就从多方面考虑，改变自己的认知。待你能够接受自己的不完美时，你表现出来的是自信，你的不完美就会后退为"背景"，这样的你何尝不是一抹独特的"风景"呢？

女人的美与丑不只在于外表，更多的在于由内而外散发的气质。英国心理学家雅基·马森在她的著作《爱自己的人自带光芒》中说道："爱自己的人自带光芒，别人的认可、欣赏、尊重是吸引来的，而不是乞讨来的。"一个人"自带光芒"，必定是她从内心认定自己配得上所有美好的事物，她有很高的自我价值感，亦懂得只有爱自己，才能得到别人的爱，也才能去好好爱别人。

愿我们每个人都告诉自己"你最珍贵"，只有这样，我们才能拥有美满的婚姻和舒适的关系。当我们对自己和生活都很满意的时候，这种满意比任何化妆品都更能让你容光焕发。你还会担心自己丑吗？

如何提升自己的内在价值？

1. 看到自己的长处，并时刻铭记于心。

2. 丢掉“受害者”思维，勇敢地接纳他人传递出来的善意。

3. 不允许他人用恶劣的方式对待自己。

向内审视，方能摆脱外在框架的限定

过于意识化的选择会让我们离想要的越来越远。在咨询室中，圆圆诉说着自己对生活的不满：她的生活充满了愤怒、急躁和慌乱。她想让自己变成一个怡然自得的人，觉得这样就幸福了。

但实际上，当她面对一个真正的怡然自得之人时，她会被对方身上自带的光亮给“照没了”——这缘于她的羡慕却得不到。

她说：“我总是以为，要想变得怡然自得，就得有好的物质条件，这样才能想做什么就做什么，所以我就拼命工作挣钱，但这样很耗心力，令我很不满意，越不满意越对怡然自得渴望，越渴望越觉得自己得不到，就这么陷入怪圈里面无法出来。

想必这样的怪圈很多人都遇到过，越是重要、美好的东西越要追，却越追越远，就会南辕北辙。

真正的选择是卸掉内心的框框向里看

一个5岁的小孩儿，他的本能是“我要马上吃到那块巧克力”，他一般不会说“我要马上完成老师布置的拼音作业”。

一个青春期的孩子也许会说“我要考一个985、211学校”，他可能早就忘记了他的本能是好好玩一场游戏，或疯狂地看小说看个天昏地暗。但是这项本能并没有消失，只是被埋没了。

在面对交通信号灯的时候，无论大人还是小孩儿，都有“我想马上到达什么地方，我才不管路上有什么阻碍”的本能，但我们都能有意识地选择去遵守信号灯，因为我们知道：遵守规则，规则就会保护我们，无视规则，规则就会惩罚我们。

然而现实生活中有太多事情，如果我们强调“选择”，就会离本能越来越远。很多时候，我们没有检验过那些所谓的“选择”是怎么来的——是从本能出发的自发性选择，还是听信了他人的思想观点而不加思索地用到自己身上。

“选择”和“本能”之间的连接方式也是有规则的，打个比方，如果本能是一只淘气、无赖、自由自在的小猫，那么“选择”应是适合这只小猫的生活方式：你得给它准备温暖的小窝，或在门上掏一个洞以方便它进出，而不是为了防止它走失，把它拴在某个地方，或将它关在铁皮笼子里。

假如有太多人告诉你，养猫就是为了抓老鼠，猫是“奸臣”，谁对它好它就跟谁走，猫身上太脏不能跟它太亲近，等等，一旦你认同了这些观点，那么你已经失去了养猫的乐趣——你怕猫走失就把它圈起来，你怕猫把细菌传染给你就离它远远的。你不自觉地按照某些被灌输的“框框”去对待猫，你养猫是为了高兴还是为了痛苦呢？

如果你对某事物的选择依据了本能，那么这个规则就能好好保护你甚至助你一臂之力；如果你反规则行事，即无视自己的本能，那么这个规则将成为你的牢笼，你越想自由，就越无法挣脱。

那些怨气、愤怒、惊慌、急躁正是心灵被困住之时的外显反应。

内心的选择没有好坏，只有允不允许

原本对生活焦躁的圆圆最近在工作上遇到了麻烦，她想换个工作岗位，却又被各种担心所限制。她迫切想搞明白自己想做什么、适合做什么，这样工作对她来说才不是一种耗竭。

“耗竭”这个词听上去像鱼因池塘的水干涸而死，像一架机器吸收大量能源，产出却少得可怜。

我和圆圆就这个问题谈了很多，最终圆圆得出这样一个结论：虽然工作是为了挣钱，但是为了挣钱而消耗自己也挺痛苦的，既然工作必须得做，那有没有让自己可以舒服一点儿的方式呢？

我想到了这样一个场景，这个场景是圆圆曾经提到过的：大家都在忙活，只有我一人闲着，虽然我的工作已经做完了，但我闲着也很不舒服，因为此时我对自己有一个不好的评判——我不帮助那些还未完成工作的人是不对的！

不如再延伸一下：原本岁月静好的周末，我可以不去单位、不逛街、不陪孩子，只是待在阳台上浇个花、看本小说，但我觉得很急躁同时也很空虚，仿佛还有什么未完成的重要之事，我不能安下心来感受周围的暗香浮动。

此时我对自己的评判是什么呢？也许是“我没有资格享受，因为我还没有达到某个标准”（比如没有挣到足够的钱，还没有足够优秀等）。这个“标准”就是让人提着一颗心久久不能落下的原因，而人却常常忘记去思考这个“标准”的存在有几分道理。

我曾听一个朋友讲过小时候的一件事：她考试得了80多分，恰逢她生日，想要一包巧克力当生日礼物。结果爸爸对她说：“考80多分还有资格吃巧克力吗？”这种打压式的语言经常存在，以致她长大后不敢享受生活，同时以高标准要求自己，永远认为自己不够优秀，而不够优秀也就更没有享受生活的资格了。

可是，人都有追求想要事物的权利啊，这跟考多少分是没有关系的。父母可以说“我不愿意给你买巧克力”，但却不能说“你没有资格吃巧克力”。很多时候我们认同了父母或他人的信念，这个信念就是我们在潜意识中为自己设置的框框。

框框是我们可以享受当下的死敌，因为框框是标准，而标准是限制，一如把展翅翱翔的鹰关进房子里，哪怕这房子是一座豪华的宫殿。

回到圆圆的问题上来，既然想要过得舒服，就不需要对自己有任何评判。当她说“我希望自己能够怡然自得，但是我还没有足够的成就可以怡然自得”的时候，“没有足够的成就”就是评判，就是框框。她把因果关系搞反了，原本应该是：先允许自己怡然自得，然后才是取得成就。因为取得成就或变得优秀的最终目的也是为了可以得到幸福。

有人说，幸福的人大多没有多少成就，而取得大成就的人一般是不幸福的。从某些方面来讲，这话非常正确。因为幸福的人对成就或优秀不感兴趣，他们只对生活本身感兴趣，他们对待成就或优秀的态度不过是：我先过好我的生活，然后抽个空有成就一下。

对优秀存有执念的人，会认为“成就”是怡然自得的前提，他们在取得成就前有多苛刻自己，取得成就后就仍然有多苛刻自己。就像一个穷人使劲攒钱，贪婪的习性使他即使攒再多钱也会觉得自己是个穷人。

让自己获得舒适，是我们的权利

放弃苛刻，就有了怡然自得的可能，无论是不是已经取得了成就。比成就更重要的是快乐，况且快乐和成就并不矛盾，快乐地取得成就和痛苦地取得成就相比，前者更贴近我们的本能。

对过去不适合我们心灵发展的思想或信念断舍离吧，你要知道有些框框原本是没有的，是社会和他人向我们灌输的，虽然这些灌输的内容并不都是错误的，但要分清哪些对你有益，哪些正在束缚你。

就像穿衣服，扔给我们什么衣服，我们就穿什么衣服吗？生而为人，我们有权力挑选那些我们觉得好看的、适合的衣服来配自己。我们不要放掉这个权利！

如何学会对自己宽容一点？

1. 每一个对自己苛刻的人，内心都有一个严厉且情绪化的“父母”。要知道，不想做什么或做不好什么，极有可能是不喜欢或还没习得有效的方法。这不代表你错了，因此需停止自责。

2. 听从内心的指引，并为此行动。

3. 告诉自己：你配得上所有美好的事物。

从原谅中释放，还原更好的自己

那些被伤害了就永远放不下的人们

我有个来访者，她跟前男友在一起时，前男友劈腿了另外两个女生，她特别恨他，但想到自己以前对他的付出，又不舍得分手，于是继续忍受他的不忠。直到他对她越来越坏，甚至对她动手，她才绝望地离开了他。如今事情已经过去了5年，她每次想起他来仍会觉得不甘，觉得在他身上浪费了那么多年的青春，简直让她无法承受，实在太恨的时候，她忍不住把他的名字写在纸上，边划边咒骂。

还有一个读者跟我说，她大学宿舍的某个女同学跟她关系不好，总是用带讽刺的语言跟她说话，用难看的白眼瞪她，还因争抢班草的注意和好感而故意陷害她偷东西，害得她与同学的关系一度很僵。她一直都忘不了那个恶人，哪怕现在已经毕业好多年了。

有一句话是这么说的：“不要拿别人的错误来惩罚自己。”

但世上偏偏有很多人认为，别人对自己犯的错误是不能被原谅的，他们那么可恨，那么深地伤害了自己，原谅了他们岂不是助纣为虐？不行，一定要让他们得到应有的惩罚！

但这些人忘了，别人当然应该为他们所犯的错误买单，但这个错误的后续结果绝不应由你来承担！当你久久放不下当初给你造成伤害的人与事，到底是谁在接受惩罚呢？

我们为什么要做到原谅

当你憎恨一个人的时候，你难保不在受苦，那种憎恨仿佛一张巨大无边的网，而你像一只无力的小飞虫被网在其中，越挣扎越无力，也就越感到被束缚。你确实受到了伤害，但伤害已经结束了，你却用憎恨延续伤害，无疑又给自己做了一个茧。

你没有办法要求伤害你的人是公正的，你也不能跟他讲道理说“你明知道那样对我是错的，为什么还要那么做”，这统统行不通。你需要明白的是，他就是那样的人，他有着那样的想法，所以他就对你那样做了。

曾经有一则新闻，北京的一辆公交车上有个老人对身边的年轻女子图谋不轨，被女子制止后埋怨了几句。随后两人下车，老人竟然在站牌处把女子打倒了，动作很利索。这就是坏人，坏人是不会给你坏的理由的。

但你需要知道，当别人伤害你，错的是他们而不是你，你不需为此讨厌自己，认为自己没有价值。当你真的能分清坏人和你是两码事，以及坏人的伤害不是你必然受苦的原因时，你自然就会做到不计较了。

科学研究证明，原谅在心理方面可以减轻人的抑郁情绪，给人带来希望和自信心；在生理方面也不会让健康出问题。而紧抓憎恨不放的那些人，往往更容易出现焦虑和抑郁等心理问题，在生理方面也会出现各种各样的身体疾病，比如高血压、呕吐、胃溃疡等。

原谅可以让我们更深层次地理解共通的人性，以及接受它。没有人天生完美，即便在最恶劣的情境中，每个人的身上都存在某些看不见的闪光点，即使是最邪恶的人也不例外。想想你自己，也许你也做错过事，也错待过人。

原谅会让我们对这个世界怀有真正的慈悲，让我们看到别人看不到的，理解他人理解不了的，这是心灵的自由。

如何做到原谅

1. 说出你的痛苦，正视内心的感受

当痛苦不能被承受的时候就会否认，然而否认是情绪的压抑，情绪没有出口只会导致自我毁灭。一旦清楚地说出自己的感受，就得到了正视它的机会。你可以对朋友、亲人、心理咨询师诉说，总之要选择能够理解你的人。你也可以对加害者诉说，如果你觉得他不能接受，可以写信，哪怕没有机会让他看到，你只要写出来，就具有疗愈功效。

韩国电影《密阳》就讲了一个放弃压抑才能得到平静的故事：女主的儿子惨遭杀害，她说服自己原谅凶手，但当她看到凶手并不悲痛的脸时，她变得更加怨恨。她自杀了，看着鲜血流出，她没有再强撑自己那可怜的自尊，而是跑到大街上寻求帮助。她被救回，想剪掉头发重新开始，而理发师却正是凶手的女儿，此时她不再伪善，只是摔门而去，表现出正常人应有的情绪。而经过许多事情之后她终于意识到：缺憾是人生的一部分，正视自己的内心、不逃避才是让自己重获安宁的唯一出路。

2. 做出选择

原谅是一种选择，人在任何情境下都有选择的权利，只要你愿意选择。有人说，没有选择就没有前行。这句话的意思正

如曼德拉所说的："当你迈向自由时，若不能把悲痛与怨恨留在身后，那么你仍在牢笼之中。"

很多时候我们做不到放下，就是因为不肯让自己突破某个边界。那么，不如告诉自己：选择抛下那些伤害，并不是罪过。

3.重建或放下这段关系

你和加害者之间的关系，此前是因为创伤而维系着，它肯定会给你的人生带来坏的影响。对于并不亲近的人，比如同学、同事、熟人，放下比较容易。

但对于比较亲近的人，再怎么放下也会有千丝万缕的联系，因此只能重建。不妨问问自己重建需要什么条件，也许是父母的一个道歉，或爱人、朋友的一次忏悔，可能等到它们很困难，但此时可以想想你是不是也对别人造成过同样的伤害，那么你应不应该去向别人道歉呢？这么想的时候你也许就找到了满足条件的办法。

4.原谅自己

很多时候，我们自己既是受害者，也是加害者。如果原谅他人带来了外在的和谐，那么原谅自己则属于内在的和谐。原谅自己是接受自己的缺憾和不完美，明白自己也会做错事情，但错误是用来成长的，不是用来自责的。

如上所说，原谅并不是软弱，也不是承认那些伤害就是对的，而是在直面事实，正视自己受到了伤害，体会共通的人性之后的平静接受，这是真正的勇敢。

原谅也不代表加害者就不会受到惩罚，只不过这惩罚不应该是你给他的。你要做的，是把自己和伤害你的人分离开来，不要纠缠在一起。

正如王尔德说过的一句话：“为了自己，我必须饶恕你。一个人，不能永远在胸中养着一条毒蛇；不能夜夜起身，在灵魂的园子里栽种荆棘。”原谅你并不是为了放过你，而是为了放过我自己，为了我余下的人生能得到应有的圆满。

原谅不是“没关系”，真正的原谅是这样的：

1. 不拿别人的错误惩罚自己，不代表对做错事的人无所谓。

2. 发生的已经发生了，没有必要对它“念念不忘”，多“念”一次，伤害就多存在一点儿。

3. 最重要的是避免再次发生这样的伤害。

第 三 章

好情绪的起点：守住界限来稳定内心的秩序

数算感恩，锻炼重新快乐的能力

我们有快乐起来的能力和义务

小琳是个不容易感受到快乐的人。但最近一连串的事情改变了她。

小琳的老公被派往国外学习半年，留下俩孩子需要每天接送。大宝早晨7点10分到校，二宝7点50分到校。小琳开车送大宝，不堵车也没有太长红灯的话，20分钟打个来回。回来后马不停蹄地伺候二宝扎小辫儿、吃饭，一切准备就绪后，骑车10分钟可以送到学校门口。当然这是在非常顺利的情况下，万般皆顺，就能拥有一个平静的早晨。

可是，人生不如意之事十之八九：大宝多磨蹭一分钟，留给二宝的时间就少一分钟，小琳着急，免不了催促，大宝心情也不好，偶尔回几句嘴，小琳就很生气。二宝还是个特别娇贵的娃娃，稍有不顺就哭鼻子抹眼泪儿，要么可怜兮兮地对小圆说："妈妈，我肚子疼/头疼/手指疼/腿疼。"要么就说："妈妈，我不想吃小饭桌，你中午来接我好吗？"小琳的午休时间只有一个小时，接二宝回家根本是不可能的事。然后二宝就委屈地说："别的小朋友都是回家吃饭的。"小琳又开始内疚。许多复杂的情绪奔腾在小琳的胸腔里，她觉得这一切真是受够了。

然而有一天，小琳忽然意识到二宝的娇气、委屈、难缠会不会和自己的情绪不稳定有关：有时她对二宝非常亲切，又有时她会对二宝非常不耐烦。这就相当于二宝需要妈妈的时候，妈妈是个不稳定的存在。

小琳决定为孩子做些什么。她首先想到的是，自己每天都要高高兴兴的，至少在事情不可控的时候不要表现得那么焦虑，好让孩子降低对糟糕状况的敏感度。

一旦小琳决定了她的做法，她发现自己就没有那么容易被不可控的事情导致的焦虑情绪所左右了。比如大宝早晨爱磨蹭，她就早10分钟喊大宝起床，以前总觉得大宝会睡不够，这会儿却觉得"多睡10分钟和少睡10分钟没有实质的区别"。再者，就算大宝磨蹭，迟到也没什么大不了，至少和好心情比起来，迟到带来的坏影响真的比不上一个发飙的妈妈带来的坏影响。

至此，小琳看到了希望，而这个希望的前提是她真正觉得“快乐起来”是一项对周围人的义务。当她积极地面对这项义务的时候，快乐的能力就会得到发展。

经常感觉不到快乐，是因为不想快乐

许多人觉得，一方面快乐取决于环境和他人，另一方面，他们不认为快乐是一种主动的愿望。

一个名叫清风的读者曾告诉我，每次她和部门同事一起聚会都会满面愁容，但她还不得不去。她对喝酒、唱歌、打牌非常厌恶，然而聚会也无非就是喝喝酒、唱唱歌、打打牌。有个比较好的同事好心提醒她：“你没有一点笑容的做派，搞得大家也很扫兴呢！”她问我：“我也想快乐起来，可我做不到，这到底是怎么回事呢？”

我说：“你家里有什么变故吗？”她说：“变故倒没有，就是觉得没啥可高兴的。”我又问：“你想高兴起来吗？”她瞪大眼睛看着我，说：“难道我想高兴就能高兴吗？你别逗了！”

当我问她“说到快乐，你会想到什么”的时候，她说她最先想到的是妈妈。她妈妈是一个极其不快乐的人，经常苦着脸，偶尔她和姐姐大声说笑，一定会招来责骂。她爸爸倒是个很风趣的人，她和姐姐都喜欢和爸爸待在一起，时常打打扑克牌、玩个游戏、买个零食。她最喜欢打牌，因为她有时会赢，那让她很有成就感。可是在连续玩了几天之后，妈妈再也不允许家里打牌了。她和姐姐就跑到邻居家去玩，妈妈知道后揪着耳朵把她们揪了回来。而且妈妈的表情很可怕，仿佛她们做了大逆不道的事。

正如清风所经历的，不容易感到快乐的人，很大程度上源于家庭的塑造。比如我见过有的小孩子正兴高采烈地指着大大的棉花糖，家长一声棒喝，孩子就被吓到了。在那个孩子看来，也许快乐是错误的。再比如，在有抑郁倾向的父母的养育下，孩子可能会认为快乐有罪，他会怀有内疚，认为自己快乐了就是对不快乐的父母的抛弃。

美国心理学家、教育学家简·尼尔森在《正面管教》一书中说道："孩子有很好的感知能力，却没有很好的解读能力。"对于快乐这种情绪而言，如果孩子被制止，他们不会理解被制止的原因，只会认为"快乐是不好的"，也就没有对快乐的期待了。

因此，那些不快乐的人，真的有必要回头看看自己对快乐抱有什么样的消极态度，并且认真思考那些消极态度是怎么来的。

是时候让被忽视的美好重见阳光了

哪怕一生再悲苦的人，我们都不能断定在他的一生中没有任何一个瞬间是快乐的。何况我们还远远达不到一生悲苦的程度。我们只是习惯了对负面的东西过于关注，且对负面的感受念念不忘。这样，“悲惨”的基调会给我们一种错觉，即无论我们怎么努力，都不会有好结果，或者干脆就认定自己与快乐无缘。这是一种被动选择。

快乐其实是一种主动选择。就像前面提到的小琳，当她觉得“我想要快乐起来”的时候，她的注意力就会放在“如何搞定周围的繁杂事物”上。她很聪明，她知道事情和他人是自己不能控制的，所以她不会跟自己过不去，而是尽力在不可控中“摊开自己”，提高耐受能力。当周围的一切都在她的耐受范围中，她就没必要因“控制孩子不得”而让自己的情绪变得糟糕了。

快乐其实很容易，只要你有这个意识。意识到了，能力也就有了。就像你渴了饿了，你会意识到需要去喝点儿水、吃些东西，你这样去做了，身体也就得到满足了。

每个人都会有一些独属于自己的快乐时光，那些不容易感受到快乐的人也是如此，只不过快乐总是会被很快遗忘。这一方面是由于快乐是平淡无奇的，另一方面不快乐似乎与“未完成事件”有关，会吸引人更多的注意力。假如能多加记录和体会快乐时光，每个人都能成为快乐的人。

自从小琳决心要成为一个快乐的妈妈，她非但有意识地对使她焦虑的事物放松了控制，更有意识地发掘自己在什么时候能量是充足的。这一观察真是了不得，完全颠覆了她以往对于快乐的认知。以前她认为静不下心来是不快乐的主要原因，觉得做什么都没有太大意义。在那个时候，她的能量是最低的。但那个能量最低的时刻却是她有意与事物保持疏离而导致的：在她的想象中，将自己完全投入到一个事物中是很累的。比如她经常有这样的心理活动：如果目前只有一件事待完成，她会想，反正时间多的是，晚一点做也没什么，结果拖到最后手忙脚乱；如果目前有两件以上的事情需要完成，她则不会取舍，害怕选做一件事就会耽误了其他事，这样的纠结也会导致心有余而力不足，整个人处于懒散状态。

后来她抱着死马当活马医的态度，在一堆拖延了很长时间的事情中选定了一件，什么都不想，只是做事。结果事情还没有完成，她却发现心态已有了巨大变化：她不再焦虑、紧张，只体会到宁静，那大概就是“活在当下”的感觉吧。另外，她还发现了一个可以活在当下的秘密，那就是感恩，感恩一切尤其是当下正在做的那件事：吃饭时她对碗说谢谢；洗完毛巾，她仔细把毛巾叠得整整齐齐，码在壁橱里；浇花时她感激花儿这么多年陪着她，不离不弃；她动作轻柔地给二宝扎小辫儿，心里想的是“谢谢你现在需要我”，结果二宝说：“妈妈，原来你那么喜欢我呀！”二宝后来再也没有因为要离开她去上学而委屈、难缠过。

小琳才明白，她并非不快乐，只是多年来她一直没有意识到那些快乐的点滴。快乐一点都不“高大上”，它就是平凡琐细的生活本身。能够接受生活的平凡，平凡就会给人带来回报；反之，如果对快乐期待过高，就代表人们的内心世界是匮乏的，而外界绝对无法填补这个空缺。

每个人都并非不快乐，只是我们选择了忽视。要想让自己的内心世界丰富充实起来，不如转换个角度，从平凡的生活中汲取能量，去滋养自己。然后，快乐就是我们内心的种子，没有谁可以夺走它。

如何增强快乐的能力？

1.对外界和他人不控制、少期待，同时尽力做好自己能做的。

2.多记录“心满意足”的时刻，哪怕是一丁点儿的满足，体验与事物紧密连接的充实感受。

3.“感恩”是快乐的重要来源，看起来感恩是让他人受益，其实真正受益的是我们自己。

在当下的时光里主动投入一份爱

我的童年是在农村的姥姥家度过的。当时，那是一个大家庭，有两个姨和三个舅舅，还有姥姥姥爷。

彼时我小姨和三舅还没有成家，这有一个好处，就是他们不必操心自己的小家庭，他们的家就是姥姥的家，而我是姥姥家的常驻人员。小姨和三舅被默认为去哪里都要带着我，所以我有机会跟他们下地干活儿，或在夏天的傍晚跟他们去摸知了猴。那些需要付出体力的劳动在我看来就像玩游戏，整个天地之间都是我巨大的游乐场。

我曾目睹小姨和三舅为了一只收音机打架。小姨想听流行音乐，三舅却要听评书。他们打架的样子让我目瞪口呆：小姨弯着腰紧捂着收音机，三舅在外围找不到下手的机会急得直跳脚。我心想，大人也会打架吗？打就打呗，好像跟我们小孩子打架也没什么区别嘛！后来当我成年，才意识到他们两人那时也不过十三四岁，放到现在也还是个半大孩子。

后来他们结了婚，生了孩子，每天为了自己的小家付出和忙碌着。我不再是他们的跟屁虫，并且和他们天各一方。

我结婚以后的一段时间，因为工作需要将档案从小姨所在的县城迁到目前的城市，中间颇费了一些周折。事情办完后，小姨对我说："你看，你最后留在这里的事都办完了，以后你也不会再来了！"我的眼泪突然就出来了，我感到一种深深的不舍，而我也终将离这不舍而去。

后来我慢慢明白，再也回不去的地方才是真正的故乡。在那个故乡，年幼的我因不谙世事会以为一时就是一生，现在怎么样以后永远都会是这样，直到长大，才突然发现相聚不是常态，分离才是。这让我产生一种深深的无力感。

我现在对科幻电影充满了兴趣，经常想象自己一觉醒来又回到了过去，回到了姥姥家的院子里，看到了院外不远处的水塘边——那里长着几棵开满粉花的桃树。我认为这是很好的科幻小说的素材。但这一素材经常让我产生另一个想象：如果我们的确有穿越时间的能力而不自知，难保我们目前的生活不是由将来的某一刻穿越而来。

假如真的是这样，目前的生活果真是从将来的某一刻穿越而来，那我们穿越到现在的目的是什么呢？既然过去已经过去，未来也已到来，我们重新经历一次某个阶段的生活，难道不是为了发现未曾发现的美好，或体验未曾明了的意义吗？

于是我想起几年前，爸爸查出肺癌，我把他和我妈接到我所在的省会城市接受二次检查和治疗。我在医院附近找了一间宾馆，让他们住进去，说了一会儿话我就回家了。在那之后的一年半左右，我爸就去世了。他临终前的那段时间，都是我妈在照顾他，而我妈从没说过她很累、需要孩子帮忙之类的话。

我一直有种感觉，就是我和父母之间的关系过于淡漠，因为不淡漠就意味着伤害与被伤害。我爸做检查时，我让他们住宾馆，在当时看来似乎并无不妥，后来我却对此一直不能释怀：我本应该陪着他们一起，尤其当时需要安抚我爸的恐惧心理，而我妈也好不到哪里去，她经常处于受惊状态，时刻紧绷着一根弦，属于情感的部分已经缺失了。

我认为我不该扔下他们，让他们独自体验未知的遭遇。可如果我一直这么想的话，那我永远不能从内疚中拔出脚来。如果换一个角度，看起来我和父母的关系过于淡漠，但我的内疚恰恰说明了我从心底对他们怀有深切的浓厚的感情。所以这个落脚点是“爱”，而不是“我做错了”。

明晰了这一点有什么好处呢？可以这样说：我不必为之前的淡漠感到愧疚，我只需在以后的与人相处中，为了爱，投入一份主动，好好体验每一个我们相聚的时刻，这样便会不负时光、不负生命。

有一次我带着我妈和小宝去旅游，确切地说，主要是为了我自己能够参加一个心理学的培训。在宾馆，小宝最喜欢在床上蹦来蹦去，像玩蹦蹦床一样。她一蹦，我妈就开始皱眉头，严重时还会批评小宝，小宝就觉得很委屈。

我以为面对此事我也会有情绪，但奇怪的是，我不知什么时候发展出一种能力，可以让自己待在那个不舒服的情绪里仔细体会它。我体会到了我妈受到惊吓的那一部分，体会到了小宝作为一个孩子而具有的好奇心，也体会到了自己处于这个张力十足的状态中是如何感应她们的。

于是我说了一番话，我对小宝说："你最好不要再蹦了，容易磕到，你姥姥怕你磕伤才会批评你，但我知道，批评这个方式一点都不好。"然后我又对我妈说："就算她碰伤了，受罪的也是她自己，再说也不会伤到哪儿去，最多磕一下腿，有我呢，你不用害怕。"我妈就不说话了，也没有任何情绪，我想大概她从未意识到自己在面对突发事情时的激烈反应叫作"受惊吓"吧。

所以如何去爱一个人呢？你帮他看到真实的自己是什么样子，就是爱。爱是承诺，承诺我用真实的部分去回应你，而不是"我和你待在一起很高兴"。

我和我妈待在一起一周多，教育了她不下四五次，每次她都没有什么情绪，这越发让我觉得，她在内心里就是一个不满3岁的小孩儿，她需要人镜映，以得知自己的情绪，为什么会有这样的情绪，以及面对这种情绪最好的处理方式是什么。

然后我就会想，还好我妈健在，不然的话，我想跟她建立一个深刻的连接，我又该去哪里寻她呢？我应该感恩，至少我们还在一起。

是的，至少我们还在一起。这句话不仅适用于我们和父母之间，也适用于我们和孩子之间。

你的孩子刚出生吗？过几天他就会走路了，他想去哪里自己会决定。别觉得现在孩子还小，很快他就到了青春期，天天跟你对着干。待你盼着他赶紧过去青春的动荡期，他也就去上大学了，只剩你一人独自缅怀过去，缅怀那些他依赖你、需要你的时刻。我们是怎样离开父母的，我们的孩子就会怎样离开我们。

所以很多时候，我并不盼着我的两个女儿快点长大，因为我很清楚，就算我不盼着她们长大，她们也最终会长大。大宝现在在青春期，我说话变得小心翼翼，生怕说错了哪句话，她给我来一句："别说了，我不想跟你说话。"

小宝6岁，她现在经常会这样说："妈妈我最喜欢你了。"起初我还沾沾自喜，没曾想她这样说是有目的的，往往接下来她就会给我提个要求，要么买玩具，要么让我陪她玩游戏。我只觉得时间过得这样快，那时候她才刚刚学走路哇，怎么现在已经有这么多想法了！

“在其位，谋其政”，当我是孩子的时候，我完全可以任性，可当我站在父母的位置上，我就必须学会如何正确地养孩子。什么是正确地养孩子？这个“正确”说的不是方式，而是态度，一种“与孩子同在”的态度。

这个态度是我珍惜和你在一起的每个当下，我承诺用我的真实去看到你的真实，至于今后你会长成什么样子，那是你自己的事情，我只负责认真对待陪你走过的这段路。

每一个当下都在不断地过去，但至少现在这一刻，至少我们还在一起。这就是一种可以看得见的、能够把握的美好。因为这份美好，我们便不会盼望现在赶快过去，也不会期盼将来的某一刻赶快到来。毕竟生命有限，不能虚度时光。

这世界并不缺乏美好，缺乏的是看见它的眼睛和感受它的心。幸福不在未来，只在现在。也许我们有很多烦恼，但我们年纪尚轻，身体尚健，所爱也在身边。看得到拥有的，它才可以成为我们前行的支撑，否则，再幸福的人也有可能说“我是不幸的”。

了解他人和自己共通的人性软弱

网络暴力是肆意伤害的集中体现

在某期网络综艺节目中，两位选手因化妆师安排问题产生了误会，加上备赛压力大没能控制住情绪而发生口角。随后而来的网络暴力让两位选手承受了巨大的压力。

我非常理解那种被围攻、被逼迫的感受，似乎整个人被架空了，有一股力量把你强行安放在某个地方，而你又不愿意待在那里。

我想到一个小故事，它其实是一个测验：给人们看一张一个老太太淋成落汤鸡的照片，这张照片所传达的内容是中性的。当人们被告之这个老太太是个穷人，她是为了生计在路边卖东西被路过的车所溅起的水花而淋成了这个样子，人们的表情大都是沉重的；但当他们知道这个老太太是个大富婆，她只是出门忘记带伞才被大雨浇成了这样，人们的表情就是微笑的，他们觉得好玩、有趣。

公众人物与普通人的最大区别就是，在你的优势和成就得到关注和赞赏的同时，你的劣势和糗事也得到同样的关注以及不负责任的评判。

你可能会说，公众人物遭受压力跟我有什么关系呢？是的，身为普通人，也许你没有体验过网络暴力的威力有多大，那不如设想你身处一群人中间，不用多，三五个足够，他们也许是你的朋友、同事，或不认识的人。你是孤家寡人，其他人联起手来讽刺挖苦你，向你开没有分寸的玩笑，用自以为是的观点评论你，而你根本就没有做错什么，你是什么感受呢？

所以，网络暴力不只存在于网络，它在现实中、在我们身边也是有迹可寻的。我们身边有多少缺乏同理心和慈悲心的人，网络暴力的威力就有多大。

伤害他人，是因为不爱惜自己

有调查显示，“网络暴民”的典型特征有以下几个：主观上有恶意干涉、制裁别人的倾向；出口成“脏”；不经当事人允许就擅自公开其隐私；威胁当事人的人身安全；占据道德制高点；盲目跟随他人并夸大其意见。

这些典型特征与人们的心理防御过于强大，不懂得尊重、爱惜自己有关。虽然网络暴力是一个社会现象，但社会中的人就存在于你我中间。也许从个人身边的心理现象说起，更能以小见大。

1. 压抑、隔离

国庆期间我回老家待了几天，见了几个要好的同学。曾经我们的关系十分亲密，但此番相见，我却极不舒服。当我说“我其实很弱，我需要支持”时，她们不接受甚至反驳我说“这可不是我们印象中的你”。我身处她们中间，有一种很奇怪的感觉：我被四周的铜墙铁壁所压迫，闷得喘不过气来，而且犯困。我只好不说话，以致提前离席。

我很清楚自己不舒服是因为感受到了他们身上过多的压抑和隔离的成分。压抑和隔离太多，导致了他们不会承认自己对生活的不满，相反会将之武装为“知足常乐”；他们也不会看到内在的需要和缺乏，只会说“我不想要”；他们用外在的标准支撑自己，如果有人碰触了这个标准，就好像碰触了他们自己，于是群起而攻之。

2. 没有界限

有个朋友跟我说，她穿了一套新裙子去上班，一个同事羡慕地说："真好看。"然后一个大反转，那位同事随手拿起手机对准她说："来，看这儿！"啪啪两张照片拍了下来。她有点儿不高兴，说"别拍了"，同事理直气壮地说："我又不发朋友圈，别那么较真儿。"她就没再说什么，但总感觉有种难以言说的东西梗在心里。其实是她被侵犯了，被侵犯总会引起愤怒。

人们总以为有些事情不需要界限，如果你计较倒好像矫情、小题大做。比如散播谣言，对他人说"不就说你两句吗，这都受不了"。问题是你什么都不了解，就妄自散播、评判，所谓的言论自由，如果除去了解和"纯良"的前提，就只是为罪恶做嫁衣。正是因为这样想当然的人多了，转移到网络上，便成了乌泱乌泱的"暴民大军"，一旦被关注的人出现差池，他们就觉得自己拥有了某种权利，从而对被关注的人进行干涉、质疑、指责、威胁。

3.投射

网络上曾有个叫Jess的19岁女孩很火，她是美国麻省理工学院的韩国留学生，已被3名心理医生确诊为"分离性身份识别障碍"，即多重人格障碍。当她把自己人格转换的视频发在网络上时，不少人骂她"戏精""假得要死""演技不行"，而她的父母也觉得这是件很羞耻的事情。

可是，在具有多重人格的人身上，所有的人格都只是为了保护主体人格，从而让他过得更好一点，这有什么可羞耻的呢？对Jess来说，难道不是那些曾经伤害过她的人才应该感到羞耻吗？广大网友认为她“很羞耻”，只不过是内心藏着的羞耻感自己无法接受，才投射到他人身上，认为他人是羞耻的。

当人们不能接受真实的自己时，就会从他人身上看到自己“坏”的部分，从而去攻击他人。就像网友们骂演反面角色的演员一样，骂声有多恶毒，自己就有多接受不了自身存在的阴暗与自私。

慈悲才是我们抵制伤害的“保护伞”

人人都有坏情绪，而情绪是低级的。所谓低级，是说无论好情绪还是坏情绪都具有传染性，具有主动性。对于坏情绪来说，如果不加以识别和引导，最终个体将会陷入其中从而自伤。因为骂人、发泄并不会让人真正快乐，这种行为无异于口渴了喝海水，原本想补充水分，却由于过高的盐分而更快脱水。

设想一个场景：你在忙得焦头烂额的时候碰巧接到一个推销电话，你的反应是什么？也许你很难做到心平气和，你会骂对方两句然后挂掉电话。这时你的焦虑和愤怒会减少吗？非但不会减少，负面情绪还会继续发酵，像陷入一片泥潭拔不出脚来。

但假如你换一种方式，把注意力全部集中在所接的电话上，你意识到即便对方是一个推销员，他也和你一样向往美好生活，他也有他的不易，你把同理心送给他，你可以不必接受他推销的产品甚至拉黑他，但态度温和一些，不要让坏情绪牵着自己的鼻子走，这就是慈悲。在这个过程中，最主要的受益人其实是你自己。

慈悲可以让我们保持对自己的警醒之心，让我们不会严厉、负面地评判所关注的人，也不会被别人盲目的评价和攻击所感染，从而保持自己的本心。

《一平方米的静心》这本书里这样说道：“慈悲是从不完美和错误中重新开始的能力，慈悲意味着洞察力；因为慈悲，人们才觉察到共同的命运，从而真正接纳彼此的不完美。”

当我们知道，每个人都会犯错误，每个人也都懊悔自己所犯的错误，每个人都有自己的痛苦和困难，每个人也都想获得快乐，在这些方面我们与他人没什么不同时，我们就很容易理解并宽容他人，而不会恶意揣测或攻击他人。

但愿我们每个人都能越来越多地理解与宽容他人，不伤害别人。这也是给自己的温暖。

具体说来，做到两点就算做到了慈悲：

1. 了解共通的人性：比如人都是不完美的，每个人都有自己未曾了解的盲点。

2. 宽容：以上面的条件为基础，首先学会宽容自己，没有人会在惩罚中得到成长，然后你会做到温暖和谅解他人。

真正的成熟就是守住情绪的界限

“成熟”是生活中经常被提到的一个词。比如一个人很会见机行事、八面玲珑，却不会使人反感，我们则会说，这个人在个性上是很成熟的。再比如，一个人年纪轻轻，但他的穿衣打扮明显长于实际年龄，我们也会说“他看起来很成熟”。有时我们只是觉得一个人很稳重，也会给他贴上“成熟”的标签。

大多数情况下，某人被评价为“成熟”，不过是人们用以概括对他的印象或感受的简单化策略。真正的“成熟”指的是情绪的成熟。

情绪的成熟对于不太了解心理学的人来说，可能只是一个概念或理论，而无法将它当成自己身体的一部分应用自如。但如果你看到以下描述，也许你将很有兴趣去实践如何成为一个情绪成熟的人。

成熟不是压抑情绪

首先需要指明的是，成熟不是压抑。明明内心已经翻江倒海了，表面却是不动声色，该吃吃、该喝喝、该聊天聊天，外人什么也看不见。你以为这是“不以物喜，不以己悲”的自豪表现，但是压抑的情绪会化作猛兽，在不眠的夜里将你撕成碎片。

对此合适的做法是合理表达，将自己受伤或愤怒的感受说出来。负性情绪闷在心里会给身体造成损害，而表达是一个通道，通过这个通道，不好的情绪就得以释放了。但是很多人分不清“表达情绪”和“发泄情绪”的区别，以为把情绪发泄出来就是真性情或者不压抑的表现，这样发泄的人可能暂时舒服了，但旁人又受伤了。虽说旁人受伤我们应该去负责，但问题是，我们的发泄让他受了伤，他会反过来再次攻击我们，这样我们就会二次受伤。也许有很理想的情况，对方对我们极其包容，无论我们如何发泄，他都不会说什么，甚至反过来安慰我们，这种情况下假如他有很好的处理情绪的能力就再好不过了，但如果他只是一个普通人，无节制地接受负性情绪，总有一天他要么爆发，要么形成内伤。无论如何，这对他人来说都不是一件公平的事情。

我有一个来访者，她为了一个很小的手术选择住院，结果医院的环境让她一点都不满意，想提前出院却又担心不符合医院规定的程序，不好办手续，结果愣是住满了规定的天数。她有点气急败坏，就把心里所有的不满、委屈和恐惧如数倒出来。她爱人听着很烦，又不知如何安慰她，只好说了句“又不是我让你住院的”。她听到后就更崩溃了。

当她埋怨对方不够理解她的时候，她没有想过，守不住自己情绪的界限，对他人而言也是一种伤害，被伤害的人多数情况下不会坐以待毙。如果她能调整自己的情绪，对爱人说：“住院期间我真是崩溃极了，我特别希望你能多陪陪我。”也许爱人就会尽可能地做出补偿，这样一来，她体会到的就是被爱，而不是嫌弃。这种真实的表达对双方都有好处。

成熟是不转嫁情绪

谈到“转嫁”，最常见的是有权势的一方将情绪传递给无权势的一方，比如父母转嫁给孩子，领导转嫁给下属，夫妻中“脾气不好”的一方转嫁给“脾气好”的一方。生活中这种存在是合理的——被转嫁的那一方比较弱小，以至于无力或不敢反抗。但这种存在并不是真理——转嫁情绪的那一方在发泄之后并不会好到哪里去，反而情绪会更坏。实际上这是对自己不负责任的表现，这种不负责任还会伴随着无价值和无意义感，令人感觉自己糟糕透了。

这种无法守住情绪界限的表现，与其说是一种自动模式，不如说人在意识中还没有建立起“我应该为自己的情绪负责”这样的认知。

人们之所以会将坏情绪转嫁他人，是因为自己曾经就是这样被对待的。我有来访者声称自己从小就莫名其妙地受到妈妈的责骂，她并不知道自己做错了什么，权当是自己的作业写得不整齐、不听话、吃饭挑食吧。待她长大后有了自己的孩子，她老公常年在外工作，家里大大小小的事情令她心烦意乱，她觉得一切无法掌控，孩子自然也就成了她的矛头指向。那么小的孩子，一旦不能顺着她的心意做事情，她就会很愤怒，觉得自己承受了太多，既要管孩子又要管家庭，可是外面那个男人只需要工作就好了，凭什么呢！她于是也常常骂孩子，虽然看见孩子哭的时候她也很后悔。

直到有一次，她醒悟过来，孩子是宝贵的，她不能随意朝孩子发泄情绪。也就是在那一瞬间，她非常清楚地意识到：自己曾被怎样对待，不是自己也如此对待别人的理由，成熟意味着对自己的情绪负责。

我知道，那是她心灵成长的里程碑，她终于可以意识到，人的情绪是应该有边界的，守住这个边界是为自己负责的表现。

成熟是承担自己的责任

文文对我说，她原本打算丁克，婚前老公也同意。但是婚后第五年她婆婆不干了，老公也有所动摇。她在全家人的鼓动下不得已生了孩子，这成了她噩梦的开始。

孩子特别难带，整天生病不说，还特别黏人，她的工作受到诸多影响。她便怨恨丛生，总认为老公不给力（经常出差），婆婆也不给力（婆婆希望她把孩子放在老家去养），带孩子的责任就只能全落到她一个人头上，她对此又无力承受。她因此经常指责老公，埋怨他不遵守约定，且经常愤怒地阻止他出差，或将他从某个会议、饭局上电话轰炸回家。她常常对老公说："不是你要生的孩子吗？你来带好了，我带不了！"她老公说："我不介意带孩子，关键是我很忙啊，我得工作。"她则更愤怒，声嘶力竭地喊道："生孩子以前你不知道你需要工作吗？"

其实她老公也很后悔在没有做好准备的情况下匆忙生了孩子，可事情已经发生了，作为一个思考型的男人，其惯常的思维模式便是"怎样解决问题"。但她似乎一直活在过去，她介意婆家人不尊重她的想法，她想要的不过是"也许我不会一辈子丁克，我只是想做好准备再生，也许十年或更久"。但婆家人不会理会她的想法，他们只是想尽快抱上孙子，在这个过程中，她觉得自己被伤害了。于是她过不去这个被伤害的节点，就反复指责老公来缓解情绪压力。老公本来对她怀有愧疚，可是在她无穷无尽的讽刺、说风凉话、不分场合的电话轰炸之下，他也异常愤怒，觉得受够了这样的日子。

当文文哭着对我说她想离婚的时候，我劝她离婚可以，但在离婚之前要先把这种状态的来龙去脉搞清楚。在我看来，她其实是恨自己的，她恨自己的懦弱和无力，在她还不想生孩子的时候，没有人尊重和支持她，而她因为恐惧而不敢坚持自己不想生的想法。也许她是害怕冲突；也许她是害怕孩子对老公来说很重要，如果她不配合则有被抛弃的危险；当然还有可能她在无意识中依然认定一个女人结了婚不生孩子是不对的。不管她恐惧的是什么，最终她都妥协了。她非常想要自主，可是恐惧令她不能自主。她看到她的生活一团乱麻，感受到生活因孩子而变得无比沉重。她不想承担这些痛苦，也不打算接受因恐惧、妥协而导致的无法自主。她只是一股脑儿地去怨恨她老公“都是你让我陷入如此困境”。

人当然可以怨恨，然后呢？然后我们希望时间可以重新来过，让自己重新做一次选择吗？或者希望对方能够后悔不迭地承认当初的做法错误吗？现实是不能回转的，对方也未必能够理解为什么我们总是在一个节点上斤斤计较。我们在怨恨和指责别人的同时，自己也错过了看到真实的困难并去解决的机会，这对自己来说是多么不公平，又是多么遗憾啊！

对文文来说，她该做的应该是回过头去看透自己的恐惧，或者转过身来思考孩子对她来说意味着什么，为什么带孩子让她如此焦虑——她是否将自己儿时的缺憾过多地投射到了孩子身上。她面对的任务这么多，绝不是离不离婚这个问题所能概括的。当她准备好去拨开情绪的迷雾时，她也就变得成熟了。

其实，我们所有情绪发泄的背后都有一堆血泪史。越是控制不了情绪，喜怨恨、爱抱怨的人越需要被爱。我们发泄的意图不过是求得安慰、关注和理解，如果得不到，则有可能升级发泄，但这种向外的扩展不仅有损关系，还会令自己越发觉得没有价值。

不如实在一点，尽可能地为自己做点什么：至少我们可以一点一点地学习守住情绪的界限。

我们不妨对自己说：不是别人给不了我想要的，而是我的期待太高了，一个成熟的人不会认为他人“就应该怎样”。当我们学会放下对他人的期待，注意力自然就回到了自身。我们有那么多的人生任务要去完成，实在不必在无所助益的事情上浪费时间。

如何为自己的情绪负责？

1. 学会正面表达自己的需求，你不说，别人无从知道。如果被拒绝，不要以为那一定是自己的错，因为还有可能是对方没有能力做到。

2. 学会表达自己受伤的情绪，比如："你刚才说到……，我感觉很伤心／愤怒／震惊，我觉得这对我不公平。"

3. 有情绪的时候，可以对对方说"我现在心情不好，我想自己待一会儿"，冷静下来再做必要的沟通。

4. 努力觉察自己正处于哪种情绪中，时刻做这样的练习。

处理好情绪，等于照顾好身体

疾病离我们并不远

我的某位朋友，生活很是滋润，这得益于她有一个好领导。这领导怎么个好法儿呢？领导是副手，几年来争正位而不得，只好闷了一口气带领几个得力的员工使劲儿拼业绩。领导的专业水平很高，再加上拉业务能力极强，业务很容易就搞定了，但搞得朋友经常一加班就半个月，吃住都在公司。

别看朋友的工作这么累，收获却是满满的：拿着不菲的奖金和提成，每年一次带家属境外游，吃住、机票、门票一分钱不必花……

然而有一天，这美好的日子戛然而止——领导中风了。年假时领导刚过完45岁生日，据说他回南方老家过年，参加了几场酒席，突然就倒地不起了。半年来他再也没有回去过单位，且以后自主活动的可能性非常低。领导的爱人去了单位数次，要求看在领导努力工作和为员工谋福利的份上，可以得到尽可能多的补偿。

后来这事情是怎么解决的，朋友也不得而知，她只是特别惋惜，还带有一丝后怕。她实在不明白，一个45岁的看起来仍然生龙活虎的人，怎么会和中风挂上钩，而且这病，说不能动就不能动了，会不会是以前太挥霍生命了？她由此想到自己，她也35了，加班熬夜喝咖啡甚至喝酒是常有的事，万一哪天她也倒下了……想想真可怕！

而且现在不乏年轻医生和IT行业人员猝死的新闻，之前还有一名出租车司机在机场候客时猝死。《人民日报》更是刊登了某位中科院博士、青年教师被发现晕倒在实验室，送医抢救无效去世，年仅31岁，孩子刚出生7天。其死因为心源性猝死，属于心血管疾病。

有时候认真想想，除了头疼脑热以外，很多大病离我们并不远！

我们为什么离疾病越来越近

关于国人死亡原因的新闻报道，排名第一的是中风（脑血管病）。其次是缺血性心脏病（也称冠心病，包括心绞痛、心肌梗死、心律失常、心力衰竭、原发性心脏猝死五个类型）、呼吸系统（气管、支气管、肺）癌症、慢性阻塞性肺病、肝癌、道路交通伤害等。

如果谁家有老人，年轻人则经常会听到这样的话：不要吃那个，那个容易致癌；最好多吃点这个，这个对身体好；等等。我妈就经常对我说：不要用塑料杯子装热水喝；要经常喝一点泡洋葱的红酒，可以软化血管；要多吃花菜，防癌……即便我不想听，也架不住她在我耳边碎碎念，以致每当我在大快朵颐之前都会忍不住想：这个能不能吃，那个会不会有损健康。

但我知道，这些担心远远不是应该有的担心，换句话说，疾病并不是仅仅因为吃什么不吃什么而导致的，而是综合性的结果。医学心理学中有一个分支叫作“心身疾病”，是说那些主要由心理社会因素引起，与情绪相关却主要呈现为身体症状的疾病，比如原发性高血压、偏头痛、消化性溃疡、月经失调和痛经、糖尿病、支气管哮喘、荨麻疹、类风湿性关节炎等。

任何疾病都不是由单纯的生理因素导致的，而是心理、生理、社会文化共同作用的结果。比如，人处于社会生活中，需和他人互动，从关系中获得各种信息，但人又需要按照社会规范行事并受其制约，因此需要时刻调整自己的心理、生理状态以及行为。因此一种适应性行为的失败必然会给心理造成不良影响，引起心理冲突，甚至机体失衡。

再比如，愉快的情绪使人感到幸福，是保护机体健康的“灵丹妙药”，而消极情绪常伴随强烈的激情状态表现出来，因此躯体反应也较剧烈，以致给内脏器官造成伤害。例如焦虑和愤怒会造成肾上腺素和肾上腺皮质激素分泌的增加，使心率加快、血管收缩、血压升高等，如果情绪得不到有效宣泄，就会造成植物神经功能的失调，引起器官病变。

学习理论认为，内隐的异常行为可以通过学习，继而通过强化和奖励的方式得到保留。比如一个孩子因胃肠不适而被允许留在家中不去上学，且可以受到特别关爱，他受到的这份特殊待遇会使他相信“只有得病才可以得到想要的”，这就进一步促使了他的胃肠不适甚至溃疡。

美国医学家弗里德曼曾在研究心脏病时将人的行为类型分为A型和B型。A型行为人急躁、没耐性、敌意重、行动快、对时间的流逝常常高估。B型行为人则相反。人格特征既是某些疾病的基础，也能改变疾病的过程，例如A型行为人就是冠心病的易患人群。

除上述情况外，不良习惯的存在也会使疾病找上我们，比如吸烟会导致烟碱吸收，从而引起心率加快、周围血管痉挛；不运动或运动过少；常饮食高脂肪和高胆固醇的食物，或摄入过多盐量、摄钾过少；过量饮酒，尤其是急性醉酒或长期酗酒。

在纷乱而快节奏的社会中，我们该如何守卫自己的健康

当代社会的疾病大都是心身疾病，因此治疗和预防不能只从生物学角度出发，而应从多方面来设计方案。具体说来，我们可以这样去做：

1. 建立健康的生活方式

我常想，规律的作息应该是生活的框架，再辅之以适合的饮食和适量的运动，在基本健康和精神状态能够保证的情况下再去发掘人生的意义。即便人由于遗传因素而对某种疾病易感，健康的生活方式也会把易感性降到最低。

本文开头的朋友的领导，他的家族并没有中风的先例，但他长期以来以酒代饭，作息和饮食严重不规律，虽说是为了工作，但其中也掺杂了不少个人情绪，结果被他忽视的身体反过来忽视了他。

2. 加强心理的建设

学会自我调控情绪，防止情绪大起大落，并学会一些自我

放松的训练方法，比如通过深呼吸和自己的身体关联，以便有效应付紧张情境；多参加社交活动，以获取社会支持和得到更多交流与宣泄的机会。

想起有个朋友，她偶尔会经历抑郁时刻，每次抑郁都会有特定的事件发生，少则半天一天，多则两三天甚至一周。她为此特意联合老公和孩子开了个家庭会议，表明自己有些时候什么都不能干，也干不了，她能做的只是把自己关起来睡觉，希望家人不要以任何理由打扰她，并尽力理解她。如果可以的话，她还希望家人能够适时递给她一杯热茶，或一些喜欢吃的点心。自从她这样实行之后，许是由于她完全接纳了自己“不能动”的状态，最近10个月来她反倒一次也没有抑郁。

3. 培养健全的人格

这能够让我们正确评价客观事物或所处的情境，并对之采取恰当的态度和行为。培养健全的人格最好从青少年做起，或者作为父母，我们努力使自己拥有健全的人格，然后再去“健全”地养育孩子。

我们可以寻求咨询师的帮助，了解自己，并认清自己身上存在的优势和盲点，清楚自己面对负性情绪的自动反应模式，以及可以用哪些更好的方式去代替它们。另外我们还可以多看一些相关的书籍，并在生活中加以运用。

综上，某些疾病离我们并不远，我们在身体健康时切不可以为自己就是特殊的那一个——疾病永远不会找上我们。但我们也不必过分悲观，提高防范意识，善待自己并做好该做的，至少我们可以对得起自己。

身体属阳，灵魂属阴，阴阳结合，我们才得以更好地适应与发展这个世界。成年人最应该做到的就是对自己的身体负责，有健康的体魄才谈得上理想和未来，不要抱着侥幸心理，在身体尚为强健的时候透支身体或不注重保养。你要知道，当身体每况愈下，我们爱的能力也会随之减弱。因此，为了爱别人，也为了得到更多的爱，从现在开始，我们是时候好好关照自己的身体了。

说出你的介意，给歉意表达的机会

想到自己的高中时代，我和我最好的朋友——我的同桌，之间有一个故事。有一天晚自习课间，我趁她和前排的同学说话，把长凳给撤掉了，然后她冷不丁一屁股坐到了地板上。周围的同学放声大笑，我也笑得前仰后合。

现在想来，她应该是很愤怒的，但她不好意思和我说难听的话，只是酸酸地向我表示："你看我出丑，自己倒在那里扮淑女。"

这件事情我记了20多年，直到现在仍然记忆犹新，想必当时一定有什么东西触动了我。也许，那个触动我的东西就是我担心自己或多或少地冒犯了她，导致她对我心存芥蒂，我们的关系就不如从前了。毕竟她是我最好的朋友啊。

其实，那时我不觉得撤板凳这样的玩笑是一种冒犯，反而觉得大家都在苦哈哈地啃书本，偶尔在课间开个玩笑也能活跃一下气氛。假如别人这样向我开玩笑，蹲在地上的那个人是我，我可能首先会吃惊一下，明白怎么回事以后说不定还会顺势在地板上多坐一会儿。但同样的事情，别人的感觉可能截然不同。

所以，每个人的底线或边界是不一样的，牵扯到重大原则的事情，有正常边界感的人大概会有差不多的反应；但在一些小事情或曾经受过伤的事情上，每个人的感受不尽相同。打个比方说，个人的边界就像一道不明材质的围栏，有的硬有的软，有的脆有的韧。你不能自己觉得没有什么，就认为别人也没有什么。而当你觉得有什么，但别人认为没什么时，最好的做法就是告诉对方“我很介意，你不要再这样（对我）”。

也许你的边界很隐蔽，你不指示给别人看，他们就不知道那是你的边界，他们越过去，难受的是你自己。只有你发出明确的指示，他们才会“看见”那道边界从而自觉止步，这才是关系里双赢的模式。

当然，你和我一样清楚，有太多人是不擅长说“我很介意”的，因为他们担心这会导致关系的疏远。这里分为两种情况：

一是“污浊”的人，他们极度缺乏边界感。如果把缺乏边界感比喻为“泥坑”的话，一些人宁可在“泥坑”里翻腾打滚搞得浑身污浊，也不愿跳出来还原一个清爽的自己。因为他们的模式就是“污浊”。

具有“污浊”模式的人，不懂得爱与尊重是什么，这与他们从未被真正爱过和尊重过有关。他们不会对别人说“我很介意”，哪怕自己极其不舒服。而当有人向他们说“ 我很介意”的时候，他们一般会采取两个极端，或置若罔闻——该怎么对你还是怎么对你，可能还会变本加厉；或翻脸比翻书都快——既然你不让我侵犯你，我就跟你说拜拜。

二是有一定边界感，但经常守不住的人。对于这类人来说，如果他足够爱自己，有足够的意愿让自己过上一种好的生活，他就能获得足够的智慧。

你说出了你介意，就是主动选择了别人的善意。

“主动”一词非常重要，因为选择权在你。选你想要的，要你想选的，这对一个想要获得自由的人来说非常可贵。

你不说你介意，别人就会无底限地侵犯你，谁让你好欺负呢？这样你就处在被动地位，当你被动的时候，别人是不会善待你的。

我有一个朋友，就是因为没有勇气说她很介意而在恶劣的婆媳关系里面搅和了8年，最终幡然醒悟以一场离婚大战结束了这一切。

起初这位朋友本着家和万事兴的原则容忍婆婆入住自己家，大到怎么教育孩子，小到她和老公的床上铺什么颜色的床单，以及她能不能穿露背的连衣裙，最终到她生不生二胎都由婆婆说了算。她忍无可忍，打算和老公离婚，但老公不同意。这其间又发生了一件更高级别的婆婆“侵权”事件，她一不做二不休，先把自己的家当搬出去，哪怕起诉也坚决要离婚。此时婆婆才终于意识到，她的存在马上就要使这个家庭分崩离析了，这才万般不情愿地收拾行李搬回了老家。

并非烧杀抢掠才是恶，无限地侵犯他人的边界更是一种隐蔽的恶。

隐蔽的恶原本可以避免，因为人性有经不起考验的一面，一个阴暗的人，很可能引发更多的阴暗；一个善良的人，则可能造就更多的善良。

所以，想要别人善待你，你首先要善待自己，知道怎么样是对自己最好的，然后守住这种“最好的”模式，这样就相当于把别人的善给带了出来。

当然，当你说出“我很介意”的时候，你和对方的关系可能会出现两个结果，一是中断，二是更加亲密。你不能认为只要你明说了，对方就一定会理解你、善待你。

对于具有“污浊”模式的人，你不要对他有任何幻想，他根本就不明白边界为何物，他跟你保持关系的目的就是要搅和你，这样对他来说才是习惯的、正常的、安全的。然而对于这样的人，他跟你的关系中断，对你来说莫不是一件天大的好事，你还担心什么呢?

大多数人还是有一定边界感的，面对这样的人，当你感觉被冒犯了，一定要勇敢地对他说“我很介意”，因为这是一份真诚，这份真诚恰恰表明你不愿失去他。

不妨告诉他你的真实感受，你可以这样说：

当你那样评价我的时候，我真的感觉像被扒了衣服示众一样难受……

你喊我的绰号，激起了我小时候的创伤……

你不要再那样说了，那会让我感觉你不在乎我，而我却是很在乎你的……

真诚代表的是真情流露，相比顾左右而言他或者隐晦的劝告，只有真情才会勾起对方的温柔以待。如果他也很在乎你，看重你，那么你们的关系只会更亲密。如果他不那么在乎你，你的真诚可能就不会起作用，他会觉得你矫情、小题大做，那么无论你多想维持这段关系，你都不可能得偿所愿，因此放弃也没什么可惜的。

还是那句话，大胆地说出你很介意，对你以及你与他人的关系来说百利而无一害。如此，就让别人善的一面展向自己，恶的那面随风远去吧！

现实生活中，很多人难以说出介意或拒绝的话，可以分为以下不同的情况，看看你是哪一种？

1. 以为自己怎么对别人，就会得到相同的回报。这是以己度人，别人不一定会像你对他一样对你，其结果大多是失望的。

2. “没有边界”已经成为熟悉的模式。如果从小不被尊重，过多地被索取、被要求，人就很容易形成讨好的个性，以为这样才是受人喜欢的。这样的想法绝对不可能使人对他人说出拒绝或介意的话。

3. 害怕关系断掉。你可能认为自己是没有价值的，他人接近自己是因为自己可以被利用，一旦拒绝被利用，关系也就不存在了。其实，首先维护自己的利益是符合人性的，比起“虚伪的人”，人更愿意与真实的人深交。

第 四 章

好情绪的持续：

自由倾听内在驱动力的指引

允许自己做自由且“无用”的人

你对错误的容纳力有多大

有读者说，她因在假期中追了几天的剧，结果什么都顾不上了——孩子的课外班她委托别人去送，吃饭叫外卖，卫生不打扫，花草也因疏于打理而蔫儿了，更没有兑现回老家看父母的承诺。她因此非常自责，觉得自己简直是在浪费生命。

想必这样的感觉每个人都不陌生，只是自责的事情和自责程度有所不同。这让我想起自己在中学时代，也有这样明晰的感受：如果所有的课余时间都用来复习功课了，那么不管掌握的效果如何，我都会觉得一天很充实；但如果我忍不住看了一本杂志或一本小说，我就会觉得对不起父母，对不起老师，也对不起自己。其实我真的很想在可以自由支配的时间内看一本喜欢的书，以获取那种与世界万物连接的喜悦感。

但我可以想见妈妈那大呼小叫的声音与神情，它们潜藏在某些秘密的角落里，像手榴弹一样出其不意地炸你个人仰马翻；它们还像一些看不见的线，牵扯着我的神经，只要那些线稍稍一动，我会自动意识到“这是不对的”。

成年以后我遇到老公，他与我相处的方式很特别：我丢了钱包，他补给我双倍的钱；我看小说看得昏天黑地，他从不打扰我，自己点了外卖还记得给我留一份。后来我学习心理学，经常要去参加各种培训，有时我会为不菲的培训费发愁，事后我向他提及此事，他说：“没钱你跟我说啊！”我说：“跟你说你就能替我解决吗？”他说：“我有钱就给你！”

他从来不抱怨、指责我这事做得不对，那事做得不好。慢慢地我有了这样的感觉：“犯错误”可以不必受到责难，因为错误不一定是真的错了，而是代表着人们对这看似错误的事物所具有的容纳力。一件事物在可以容纳的范围内，无论多么离谱儿，都不算错，而是正常的生活。

不要为假性错误自我攻击

其实，错误需要分成真正的错误和假性错误。真正的错误是指由于某些不合适的认知或行为导致了事情不好的结果，造成这个结果的人需要为自己的失误而负责，此时“负责”本身已成为他为自己做的事情所付出的代价。除此以外，他不应该再受到任何埋怨、谩骂甚至人格上的攻击，因为错误本身已经是惩罚了，他所能受到的最好的教训就是面对错误并且承担它的后果，这也从另外一个方面说明了“错误是用来学习的，而不是用来指责的”。

假性错误是说，一个人（A）认定他人（B）没有按照自己的主观标准去行事，所以他人（B）“犯了错误”，因此A忍不住要去攻击B。A没有想过，B是真的做错了吗？B错在哪里呢？也许B不过是按照自己的方式去做事，如果这也算错误，那么A就是控制欲过强了。

当我们面对真正的错误，它所需要承担的责任会被我们受到的指责和攻击所替代，似乎我们挨了骂就不用再去负责了。但其实，负责比挨骂更有意义。很多时候，我们害怕犯错不是因为错误有多大的杀伤力，而是害怕来自外界和他人不怀好意的评价，以及直接的指责和攻击。

生活中我们更常遇到的是“假性错误”。假性错误可分为意识层面和无意识层面两部分。从意识层面来讲，我们因没有符合他人的主观标准而被指责或不友好对待时，也许会怀疑“自己是不是哪里做错了”，但更有可能，我们会怀有愤怒——我们已经意识到来自他人的控制。无论怀疑还是愤怒，都是可以被意识到的，我们不会被这种情绪影响太深。

然而更深层次的“假性错误”却是不合理的信念，这是从无意识层面来讲的。比如“我要充分利用时间”（浪费时间是不对的），“我要成为一个优秀的人”（不优秀就不配被爱），“我要成为一个社交达人而不是书呆子”（孤独是可耻的），等等。

一如本文开头的读者，她觉得自己追剧是不应该的，确切地说不是追剧不应该，而是“追剧追到忘我”不应该——作为一个妈妈，不管孩子不搞卫生；作为一个女儿，不去看望父母，这哪里是一个正常人能做出的事情呢？

也许她常被教导，在正确的时间做正确的事情。在该做什么的时候没有去做，这会吓到她，令她觉得自己的行为实属不该。但也许吓到她的不是事情本身，而是年幼时没有按照父母的要求去做事时曾受到过的父母的责难。

我们都有这样的感受：从小不被允许的事情，长大后你也很难允许自己去做。所以我们一直都在为满足父母或他人的期望而努力着。这也是为什么我们很想去放纵一下自己，又觉得这是一种罪恶的原因。

踢走不属于自己的声音

现在很多人都在说“我一定要幸福”，却很少有人仔细思考幸福的真谛。如果有人告诉你，幸福不代表优秀、成功、自律，它们是两码事，你愿意相信吗？

我知道你是存有疑惑的，你可能会说：如果优秀和成功不能带来幸福，如果不思进取或没钱也可以幸福，那我宁可不幸福！是的，一直以来你对幸福的看法就是可以实现某个遥远的目标，当有不同的观点向你展示“可以不去追求那些目标”时你就慌了，认为自己已被判刑——再没有幸福的可能。

其实，幸福的含义是“宽容、不指责自己，并允许自己做任何想做的事”，即无论你处于什么状态，有什么想法，你只需承认它们的合理性，同时不给自己设置严苛的标准，或不因“做错了”而责难自己，就是幸福。

我有一个来访者，她很讨厌在工作中被人评价“粗心”，这个时候她会有一种羞愧和屈辱的感受，她会脸红，但努力不让其他人看出来，过后她久久不能从自己的情绪中平复。当回过头去探究在她的童年时代发生过什么，她首先回忆起的便是经常被父母用这样的言语指责：“你看你，这么简单的事情都做不好！”似乎事情没做好是这个“人”无用，而不是事情本身有什么问题，比如大人没有吩咐清楚。成年后当她在工作中被评价“粗心”的时候，她首先感觉到的就是被指责，从而被从童年起就拥有的羞愧和屈辱淹没。

如果她可以将“事情”与“人”分清楚，懂得“粗心”也许是因为工作的哪一个小环节没有在意，承认这个小环节对整个结果造成的影响，而不是笼统地将事情没有做好归结为“我这个人怎么怎么不好”，这样她也就走出了自我攻击的怪圈。

也许会有人认为，如果我不敲打自己，我就会因骄傲而目中无人，这样我就会不思进取了。这是指人必须在自我鞭策的状态下才会变得“优秀”，可是优秀又是为了什么呢？

你可以让自己变得优秀，但那是出于你的内驱力，比如出于你对某个领域的兴趣，而不是为了证明什么。一旦你需要通过优秀来获得认可或赞美，那么优秀对你来说就是一种手段，而不是你最终想要达到的目的，也因此当人们拼命追求优秀的时候，哪怕他已经很优秀了，他还是不觉得自己很幸福。

真正知道何为幸福的人，从不会苛待自己，他们允许自己做一个自由且“无用”的人。但这不代表他们对自己没有任何要求，或允许自己“堕落”。

就像小孩子会爬、会走路了，他会对自己非常满意，感到很幸福，但还是积极投入到尝试学说话的劲头中，这是内驱力的驱使。反倒是当一个孩子的头脑中经常存有质疑、批评、贬低的声音，它告诉这个孩子“我还不够好”，这样的声音只会削弱孩子对自己的满意度和幸福感。

也许我们都曾是这样的孩子，那我们有没有仔细思考过，这样的声音是从哪里来的？我们又是怎样认同了它呢？那些我们所认同的声音，就是对我们的限制，一旦我们不想按照那个声音的要求去做，我们就会有深深的自责和愧疚。在这个过程中，我们压抑的是自己的内驱力。内驱力是充满活力的生命不可缺少的一股力量。

当内驱力告诉你“我想来一场说走就走的旅行”“我想吃一堆巧克力和冰激凌”“我今天什么都不想干，只想美美地追一天剧”，你会允许自己这么做吗？你的意识会告诉你“我不应该这么放纵”吗？

也许你该换个角度来考虑：难道我不应该满足自己吗？我没有让自己对自己感到满意的义务吗？

是时候把不属于自己的声音在脑海中剔除出去了，它不能给我们带来任何幸福，只会成为我们施展拳脚的束缚。在社会的宏观规则中，我们想做什么，就应该去做什么；我们不想做什么，就可以不必做什么。允许自己不那么优秀，不那么积极，不那么有用，而不必怀有愧疚。

当我们学会爱自己，允许自己在任何状态中都不会自责，幸福就来敲门了！

如何对自己宽容，允许自己“无用”？

1.不对自己设限，也不自责，明白我们有权利这么做。

2.懂得“错误”是方法不对，而不是人不好，将人与事分开。

3.勇敢地做想做的事。

放弃对父母的期待，独自成长

这世上注定有我们无法得到的东西

我们注定无法得到的东西，不是钱和理想，不是快乐和幸福，不是某个职位和地位，也不是我们认为很难达到的某个境界，而是对他人，尤其是父母的期待。

很多时候我们会不自觉地怀有这种期待，就像不自觉地呼吸一样，存在却不能被时刻察觉。我们认为父母应该是强大的，应该提供给我们支持和理解，应该尽到父母的责任。一旦他们不是我们想象的那个样子，我们就会失望，仿佛世界欠了我们。

我们很少能够意识到这是一种执念。也正是由于这种执念的存在，我们才背上了沉重的包袱，这令我们一方面觉得很累，另一方面又不愿或不舍得丢掉它。

有个网名叫落落的读者说，她在一年前离了婚，带着3岁的女儿住在妈妈家里。父亲是被返聘的企业高管，母亲是退了休的大学教师，她自己在少年宫教钢琴。一家人的经济条件很不错，外公外婆对外孙女也是极尽宠爱，哪怕离婚也没有让落落消沉太长时间。

在外人看来，这是个很不错的家庭，至少表面看来没有任何不得体的地方，可是常常有一股看不见的硝烟弥漫在每个人周围。

这股看不见的硝烟是什么呢？是母亲的指责和埋怨：家里卫生太乱了，管孩子的方式不对了，等等。母亲甚至抱怨落落的女儿占用了她太多休闲时间，让她不能外出聚会、旅游。于是去年落落狠心把两周半的女儿送进了幼儿园，可一个月下来小不点儿却闹了四场病，落落母亲又差点崩溃，还是接回家里老老实实自己带着。然后，新一轮的指责与埋怨仍然继续。

落落问：这样的生活何时才能到头啊？

我说：快了，等女儿大点儿，能正常上幼儿园了，你也搬出来住，糟糕的状态就到头了。

落落又说：我的收入支撑我和孩子的生活没问题，要是再租房子就不够了。

我说：可以想办法多挣钱啊。

落落说：可是我们家200平方米的复式楼，我再去租房子，总觉得是在花冤枉钱。

我说：看你怎么选了，要么花钱买清静，要么继续忍受你妈妈的抱怨。

过了一会儿，落落又问道：难道就没有既在一起住着，又能和平相处的方式吗？

我愣住了，盯着这句话看了好长时间，一边看一边思考：这到底是个什么样的问题？

“难道就没有既在一起住着，又能和平相处的方式吗？”

一听到这个问题，我特别想问落落一句：你想要表达什么呢？但我没问，因为我猜她也许不知道我在问什么，或者直接把同样一句话再扔给我一次。

那些结婚不离家，或者没有结婚甚至没有成年的大孩子，只要仍然和父母住在一起，莫不抱有同样的疑问：难道就没有与父母和平相处的方式吗？

我觉得有。但在说明答案之前，不妨先来看一下，是什么导致了我们不能和父母和平相处，明了了原因，才能对症下药。

我觉得一个原因就够了，那就是父母对你不满意，因为你没有达到他们的要求。比如，父母嫌你学习不努力，嫌你不懂礼貌、不会办事，嫌你把家里弄得一团糟，即便你收拾了也不是他们想看到的样子，嫌你穿衣太随便让人看起来不舒服，嫌需要为你付出那些本不需要付出的时间和精力……嫌弃的东西太多，自然会有指责和抱怨，父母不是神仙，而是普通的甚至有瑕疵的人。

与父母和平相处的办法

1. 如果你很看重父母的认可，那就按他们的标准行事

这里有一个很重要的指标，那就是搞清楚父母的标准是什么，比如取得什么样的成绩才算努力；房间里的书要横着摆还是竖着放，才算整洁；衣服的颜色样式要怎么搭配才算入父母的眼……

你不能说“要努力、要把房间打扫干净、要穿得落落大方”，把这些空洞的内容当成让人执行的标准，因为每个人做事的方式不一样，每个人对努力、干净和落落大方的理解也不一样，很多时候起冲突并不是因为我不愿意满足你，而是因为我根本不清楚你想要什么。

2. 如果不甘心按照父母的标准行事，那就忍受他们的指责和抱怨

也许即便我清楚你要什么，我也不想按照你的要求去做，因为我有自己的想法。我什么都按你说的去做，我自己又在哪里呢？这样也很好啊，有主见总比事事听从他人更容易适应社会和获得快乐。

可是当你想做的恰恰和父母的要求不相融时，你会怎么办？你还能怎么办？被骂就被骂喽，被指责就被指责喽，难道父母连发脾气的自由都没有了吗？

那你可能会说，我被骂了心情会不好哇，处在那种压抑的、羞愧的、自我价值感很低的感觉中简直糟糕透了！难道父母需要为你的情绪负责吗？谁又能为谁的情绪负责呢？这就好像说，你渴了你饿了，只有你把水喝到自己肚子里，把食物吃到自己肚子里才算满足了需求，别人喝水吃食物只能算是替他们自己负责啊。

被骂、被指责除了心情不好，还有另一个选择，就是不把它当回事，它跟你没关系。做这样一个选择其实也很容易，只需要脑袋里转个弯：父母骂的并不是你，他们骂的是自己内心里面那个“犯了错”的小孩儿。事不关己高高挂起很难做到吗？除非你认同了父母，认为他们骂的是对的，这样你确实就走不出阴霾了。

如果你不满足以上两点，你想既按照自己的标准行事，又要得到父母的认可，那就是钻牛角尖自己找罪受，因为父母不会按照你的愿望变成你想要的样子。你又何尝按照过父母的愿望变成他们想要的样子呢？

期待的背后是自己的无能为力

最后的问题是，也许你越不过去的那道坎儿在于：他们为什么就不能允许我遵从自己的标准什么话也不说呢？你莫不是在乞求父母的理解与支持，乞求他们无条件的爱，得不到便一直在纠缠、至死方休？

那个名叫落落的读者，她问“难道就没有既在一起住着，又能和平相处的方式吗”，其实她问的就是这个问题，她想要的就是父母的理解与支持甚至无条件的爱，假使她能得到，她认为自己和父母就能和平相处了。

但这是不可能的。如果他们能给，早就给了。退一步说，再宽容、有爱的父母也有犯错儿的时候，父母不是万能的。所以，这世上注定有我们得不到的东西，那就是对父母的期待。什么时候我们抱着这份期待，什么时候我们就解脱不了自己。

这很悲哀吗？有两个角度，看你选择哪一个。

第一个角度是，父母永远满足不了我们对他们的期待，这让我们一生生活在恐惧与不甘当中。这样想是挺悲哀的。

持这种信念的人们，相信自己是弱小甚至不存在的。他们常常无视自己的力量，在关系中要么服从，要么对抗，对抗不过，则要求对方的理解，否则就自我绝望，鲜少寻找到“第三种方法”彼此妥协，既不得罪对方，也不会让自己太难过。

第二个角度是，放弃期待，承认父母和自己一样是个平凡的人，他们也有想不通、做不了，甚至不愿去做的事。接受这一点，我们就获得了对自己的宽容。

也许有人说：我也想自己替自己做主，可是父母并不允许我有自己的主张。这个问题说白了，根源还是在自己身上——你需要有替自己负责的意愿。

我很喜欢这样一句话：“悄悄地发展自己。”当父母的命令和要求扔过来的时候，他们也许有自己的道理，但这不代表你的想法就毫无意义。你需要尊重自己，并在背地里恰当地满足自己。

我还喜欢另一句话：“当我们无法和内在儿童进行连接的时候，实际上是我们丢失了内在父母。”

当你的“内在父母”尊重、爱惜并尽可能地为你的“内在小孩儿”提供便利时，比如把“小孩儿”拉到一旁偷偷塞给他一个棒棒糖，并告诉他说：“我知道你不被允许吃糖，但是吃一块没什么大不了。”或者奖励“小孩儿”一个他真正希望得到的东西。这样既没有耗竭地对抗那个真正的父母，也使自己得到了某种满足。于是我们得以相信自己，无论环境多么恶劣，我们都是可以灵活发展的。

“相信”真的是一种神奇的力量。一旦你从内心最深处相信

"我有一百种方式可以让自己得到满足"，周围封闭的空间就相当于敞开了无数的窗户。你得到的只有自由。

如何获得好的"内在父母"意象？

1. 回想那些与人交往中的温暖时刻，他人的举动或语言是如何点亮了你的心。

2. 你想让别人如何对待你，你就如何对待自己。

3. 及时肯定并鼓励自己，任何情况下都不要忙着先批评自己，而是尽量寻找解决的办法。

倾听内在驱动力的指引再出发

相信自己选择错误，这经常导致“后悔”

有个“85后”读者告诉我，他在房价每平方米3500元的时候买了一套房子，几年后涨到了1万多元，他觉得自己赚到了，就卖了房子，拿着那些钱去做生意了。可是生意并不好做，他几乎赔得血本无归。然而现在他那套卖掉的房子市价已经涨到了2万多元，所以他很后悔，后悔不该那么早卖掉房子，现在的他一套房子也没有，再买房子几乎是不可能的，以至于他觉得生活无望，干什么都提不起劲头来，每天只好“苟且”着过。

我想，如果一个人经常有悔不当初的想法，那就证明他从未对自己负过责任，因为他从不想失去任何东西。人生的每一个选择无不是“一边走一边丢”，不想丢掉任何东西，也就不能获得任何东西。不能获得想要的，那就只好后悔，以为是自己当初的选择有误。

就像我的来访者小A，她后悔嫁给了她老公，如果当初她听妈妈的话找个门当户对的婆家，也不至于过得那么痛苦——要钱没钱，要地位没地位。她也经常后悔扔掉本不需要的东西，比如包包、衣服、漂亮的包装盒，扔的时候一腔热血，扔完了之后又觉得自己做错了。她相信自己的每一个选择都不是正确的，所以最好不要选择。

对她来说，不选择就不用承担责任，责任意味着痛苦——无论做什么样的决定，她总会被指责，被埋怨。既然这样，不如“苟且偷生”。

“后悔”是生活中经常会发生的一种心理状态，它似乎在说：如果我当初不那么做就好了！

后悔是因为目的不明确

在《放弃的艺术》一书中提到过有关“后悔”的两个心理学实验。其中一个实验的结果说明人们会为了那些采取过行动的事情而后悔，因为采取了行动就要为这个行动负责。假如这个行动导致了失败的结果，那么人们就会认为当初的行动是错误的，于是陷在自责的情绪中出不来。

我有个亲戚被骗子以淘宝刷单为由骗了500元，当他反应过来被骗了的时候，他后悔自己怎么就轻易相信了骗子，无数次想“这件事情要是没有发生就好了”。

书中提到的另一个实验结果是说人们会为了那些想做而没有做的事情后悔。这似乎推翻了前一个实验结果。比如“我后悔当初没有向她求婚”“我后悔没有独自去做一场旅行”“我后悔没有按自己的心愿去读一个喜欢的专业”……

那么，到底是做了的事情更容易导致后悔，还是想做而从未做过的事情更容易导致后悔呢？这本书也给出了答案，那就是：在短时期内，人们更容易对做过的事情后悔；而对长时期来讲，人们更容易对想做而从未做过的事情后悔。

因为面对做过的事情，人们虽然后悔，但有机会对它进行合理化，比如被骗了500元，对这件事进行合理化的结果就是：好在是500元，不是5000元或5万元，吃一堑长一智，破财消灾；我很高兴骗子是他不是我，我在死的时候不会对此愧疚。

本文开头的那个读者，他后悔自己过早地卖了房子，如果我是他，我会想那钱根本就不属于我，老天既然这样安排我的命运，那就一定有他的道理，我要好好琢磨他这样安排的意义到底是什么；我经历了这么多痛苦，如果不能从中体会出别样的意义，那就白白地痛苦了。

选择一个让自己感到舒服的、有意义的角度对那些后悔的事情进行合理化，之后，这件事情就过去了，它不过是人生长河中的一个小小插曲。所以从长远来说，做过的事情不会成为一生的遗憾，反倒是那些想做而从未做过的事情，人们没有机会对它进行合理化，所以心有不甘。

再进一步说，“想做而没有做的事情”重在“想做”，而不是做不做都行。只有想做却从未做过，才能成为遗憾；不想做也从未做过，是不会留有遗憾的。所以人们才会说，人生在世一定不要委屈自己，想要什么就努力去实现、去获得。

可是你能清楚分辨自己想做或想要什么吗？这才是重点！

你确定自己想要独自进行一场旅行，是为了在旅行中可以收获新鲜的经验和不同于以往的观点，而不是为了逃避职场的压力或跟其他人聊起来的时候拥有谈资？

你确定自己嫁给一个男人是因为爱他，想和他共度一生，而不是为了尽早挣脱父母的控制以及有一个人可以依赖？

你确定自己卖一套房子去做生意，是为了拥有某些生意经验，过一种生意人的生活，而不是纯粹为了挣钱或其他目的？如果只是为了挣钱，你应该想到生意人并一定都是赚钱的。

当你知道做一件事情是为了什么的时候，无论成败，你都不会后悔。反观那些容易后悔的人，都是因为起初的目的不明确。

不知道做一件事是为了什么就盲目地去做了，得到了好的结果自然很庆幸，得到不好的结果就开始后悔了，恨不得这件事情从没有发生过。这是不能为自己负责的表现。

你是行动导向还是状态导向呢

“行动导向”和“状态导向”这两个概念也出自《放弃的艺术》这本书。举例来说，“行动导向”的意思是，一个人在台上演讲，他主要想的（目的）是怎样能准确表达出自己的观点，以及如何用他的观点帮助更多的人；“状态导向”的意思是，同样是这个演讲的人，他更多考虑的是台下的人会怎样评价他。

行动导向的人聚焦于“怎么做好这件事”，状态导向的人更多地考虑“事情之外的东西”。

当有一个主要目标或主要意愿在支撑一件事的时候，做这件事的人就能很好地为他自己负责，他只管如何把这件事做成、做好。即便这件事没有成功，他也会觉得自己已经尽力了，不会为所做的事情后悔。

当一个人不知道做一件事是为了什么才去做的时候，他是没有主动且明确的选择的，如果这件事的结果很糟糕，他会埋怨环境、埋怨他人，看似是他人给他造成了困难，实则这困难是他自己带来的。

所以，真正的选择是考虑这个选择能让我们得到什么，我们又愿意为它付出什么。做出真正的选择之后，就特别愿意为它在所不惜。这时我们的内驱力才算真正启动了。

写到这里，我想到一个朋友——小青。小青的女邻居在生日时得到一辆雷克萨斯新车，是女邻居的老公送的。小青听说这件事后，就对自己老公说了。小青老公说："那也没几个钱，你想要我也能送给你。"小青摇摇头，说："我不要。"小青老公感到很奇怪，问道："那你为什么告诉我这件事？"小青愣住了。

当小青转述给我时，她说："你说我为啥对他说这事？明明我不喜欢车，也没时间开车啊！"

我说："你不喜欢车，但你喜欢被关爱。"她听了若有所思。

又隔了一段时间，她很兴奋地告诉我，她请了长假，并联系好了一个蛋糕店去做学徒。我有点儿惊讶。我很了解她，多年来她把工作放在第一位，因为她担心自己的收入不够母亲养老，也焦虑存不够将来儿子出国留学的钱。她的金钱、时间和精力都属于家人，唯独不属于她自己。她其实有自己的爱好和梦想，那就是开一间面包店。如今她终于大梦初醒，意识到她的钱给母亲养老已绰绰有余，至于儿子，也不需要她操心那么多。她决定好好对待自己：回一下头，沿着小时候的梦想一路走下去。

我说："你想好了吗？你想得到什么呢？"

我以为她会说“我喜欢创作面食／甜品／完成儿时的梦想”，谁知她说：“我做什么其实无所谓，只要我能和真实的自己待在一起，我要这样度过我的后半生。”

在我看来，她完成了生命转折的实质性的一步：以前她是为别人活的，现在她开始为自己活。“为自己活”是一个明确的目标，围绕这个目标进行的行为不会使人焦虑或后悔。

我们都向往诗与远方，向往充满活力与梦想的自己。但是“骨感”的现实每每令我们失望、厌倦，以致我们消极地应对生活，或恨不得将人生重新来过。其实，造成我们无法割舍过去，又恐惧未来到来的障碍，不是对现实的不满和苟且，而是由内驱力导致的选择，即我们想要达成的真实目的，然后持之以恒地为此目的行动。

我们虽然都想搞明白自己喜欢什么、想做什么，但很多时候我们对自己的喜好并不十分清楚。那么如何确定什么才是我们真正想要的呢？

1. 回想你生命的早期，有没有一件事物让你着迷，但后来你却不做了？

2. 着迷的事物不能以“有没有用处”来判断它值不值得，着迷本身就是价值。

3. 也许你的喜好并不明确，它只是一个笼统的感觉，不妨凭直觉去做。很多时候明晰的目的是在行动的过程中得到的。

自信自尊，你的人间更值得

一个成熟的人格很可爱

我有一位朋友令我印象深刻。47岁的她扎着马尾，面容姣好、明媚，仿佛是经典港片中那个任性、跋扈却极其漂亮可爱的小女人。但如果仔细观察，岁月还是在她身上留下了不少痕迹：她的声音不再甜美，与她的年纪相吻合；有抬头纹、双下巴和眼角的皱纹……

我们自然知道岁月不会饶过任何人，哪怕是明艳动人的明星，但我们不觉得这有什么，因为让我们感到舒服的不只是“这个人有多美、多年轻”，还有她的认知和对待爱情与生活的态度。她在面对丈夫的付出时，就这样说道：我爱他，我每天都爱他，不会只因为他为我准备了一顿烧烤才爱他。

很多时候我们喜欢一个人，并不仅仅是外表，更多的是对方的见解、真实、如何对待生活，以及我们从对方身上获得的感悟与力量。这些被统称为一个人的人格。人格是随着人的年龄不断增长而成熟的。

当然年龄与人格并不呈线性关系，其中还包括诸多因素的影响，比如一个人是否意识到自己的不成熟，并决定去改变，或接受不能改变的方面。

外表和内心之间的冲突

现实生活中，夸奖一个女性状态好、生活幸福时常见的语言是："你真是越活越年轻！"或是："真羡慕你逆龄生长，'少女感'爆棚。"而被夸奖的女性大多会很喜悦、自豪。反之，女性也会以自己是否年轻作为自我满意的重要标准之一。

究其原因，除了年老色衰带来的丧失感，比如随年龄增长，身体的灵活度会降低以及慢性病痛前来侵扰，还有重要的两点：

一是女性会以男性或社会为女性制定的标准来要求自我。听听那些社会的主流观点就明白了：

> 你（女性）都这么大岁数了，离了婚还怎么找下家！
>
> 男人四十一朵花，女人四十豆腐渣！

有些男性也会有这样的审美，认为年轻的、少女气十足的女性更值得爱，有人说这是出于男性的阴谋，因为年轻女性相对来说头脑更简单、性格更单纯，也更容易控制。而越年长的女性对社会和男性看得越透，越不好哄骗，在男性那里也就不那么可爱了。

二是“年轻”“少女”这样的词背后代表的是享受关爱、拒绝承担的潜意识。只获得不付出，这是容易的，也是上瘾的，更重要的是它能在表面上填满某些女性儿时未被满足的“空洞”，因此越是不怎么成熟的女性越会对自己是否年轻、是否少女很在意。

我有个来访者，她今年刚31岁，但早在她高中复读时她便觉得自己“老”了，她内心对这点深为抗拒。

从小学开始，她一直是老师眼中的优等生，是父母眼中的乖女儿，因为早入学一年，她还是同学、朋友眼中的小妹妹，生活中处处享受照顾和关爱。她认为复读之前的生活是她人生中最美好的日子。

她本来第一年可以上大学，但父母想让她复读一年考个重点大学，她不情愿又不敢违逆父母。结果复读后她发现周围全变了：同学不好，老师不好，父母好像也变得更严厉了。她将这一切归结为自己凭空“大”了一岁，年龄上没有了优势，再不是周围人的焦点。从那时起，她开始抑郁，后来越来越严重。

她抑郁的真正原因，其实是一直以来她都将自己沉溺于被保护、被迁就的感觉中，以此维持“我还是一个小孩儿”的假象，拒绝承担随着年龄增长而应完成的外部事情和心理任务。她拒绝看到真相，只在表面痛恨自己“为什么那么年长”，并一再幻想自己可以回到复读前的时光，似乎只要这么做了，一切烦恼就都不复存在了。

这样病态的幻想和看起来很正常的各种重塑年轻的手段，其实异曲同工。

愿你活出不惧岁月的样子

在心理学上有个观点：一个人的外表看起来与实际年龄的相符度，决定了内心的冲突大小，也间接决定了幸福感。比如一个20岁出头的人看起来老气横秋，说话言不由衷，早早长了白发，那么他也许一直在承担着不属于他的责任，内心有太多框框，这样的人自然是不美的。

而另一个极端则是一个人虽然年纪已经不小了，却还是用医美过分维持外表，比如一些耳熟能详的明星。也许她们不能接受美人迟暮，可她们总是忽略一个事实：再迟暮的美人也是美人！将真正的美掩盖掉，取而代之的是刻意的修饰，难免令人觉得匠气有余，灵气不足。

那什么才是真正的美呢？我觉得那是一种“吻合”，而非“违合”；是“顺”，而非“逆”。即在什么年纪就拥有相应匹配的外表和内在，不因容颜的逝去而灰心，深知有更美好和值得追求的事物可以支撑之后的岁月。

很多人都喜欢马伊琍，不只因为她演技好，还因为她在现实中对自己和生活的笃定感。相传她是“整容脸”的“噩梦”，亦被称作2018年上海戏剧学院艺考的“史上最严考官”，她是这样说的：“我觉得天然的才是最重要的，后天加工雕琢过的就失去了原有的意味，而且我觉得作为一个演员，内心的自信是最重要的。”

其言论的内涵曾在她回答记者提问时表达出来过，有记者问“国内影视剧对中年女演员不太友好，你怎么看”时，她说：“30岁、40岁都是年轻人啊，怎么就叫中年了呢？”

是啊，30岁、40岁甚至50岁又能怎么样呢？自己不觉得“老”，就永远年轻；自己不觉得“老”，又怎会想到通过医美逆龄？而这个“不觉得老”，会带来多方面发展的可能性，这便是自信。对女性来说，没有任何手段比自信更能带来充满活力的人生，而“活力”一词的另一种含义，则是“外在与内在的统一”。

自信是什么？它是一种感觉，它让你认定自己是个独立、有力量的人。“年龄”的真正含义是要求我们勇敢地承担岁月给我们带来的发展任务，从而不负岁月在脸上刻下的纹路，它不意味着“岁月是个可怕的东西，我们需要逃避它”。真正将这一点做好的人永远不会羡慕外表的年轻化。

这就好像一个比喻：登山有上千级台阶，你站在几十级台阶觉得看到的风景很美，就不想再往上走了，担心失去眼前的风景；但有人站在几百级台阶上，风景已经提升了几个层次，又怎么会愿意回到几十级台阶上呢？除非这人一路上来不看风景，所有的关注点只在累或烦躁的感受上，那么这人倒有理由认为“还是原来更好”。

我看过朋友圈刷屏的一篇文章，文中提到：“30岁时觉得自己还很年轻，拍照时加个美颜，跟二十几岁差不多。但最近照镜子，发现岁月确实不饶人。整个脸部的肌肉走势提醒自己装不了嫩了，颇有些中年危机。但如果问我，想不想回到30岁，可能真的也不想。”

我看了只想笑，是那种理解透彻的笑。对女性来讲，年轻和水嫩真的没有那么重要，重要的是自信和自尊。它们会提升我们对自己的满意度，因此我们不会在乎自己是不是年轻或看起来有多年轻。

只有当我们严重忽略自己的内在价值时，才会过分看重外表带给别人的感觉。从这个角度讲，我们是选择将“别人对我们的美好感觉”当作生活的基石，还是将“提升对自己的满意度”当作生活的基石呢？聪慧的人早已了然于胸。

愿每个女人都不惧岁月，活成应有的样子！

对于年轻的含义，我们经常搞混以下几个认知：

1. 真正永葆青春的是心态和活力，而非外表。

2. 我们以为年轻化、少女化的脸庞能够“使他人觉得自己美”，其实可能是我们的错觉。

3. 他人认为我们很美很年轻，跟我们没有多大关系，真正跟我们有关系的是我们对自己的感觉，即接不接受自己真实的样子。

不属于你人生的东西要放手

当代中年人的生活图鉴

1.家庭的重担必须担起来

我有个朋友，近几年她家的生意出了点问题，赔进去一些钱，生活立马捉襟见肘。家里俩孩子上的都是私立学校，一年学费加辅导班的钱差不多10万。朋友觉得她再也不能坐以待毙了，她就像《我的前半生》里的罗子君一样，重新步入职场，找了一份当前能够胜任的工作。

她的工作是业务员，给一家公司卖富硒食品。这份工作需要很早起来发传单，以及跟踪回访客户，同事间的竞争也很厉害，稍有懈怠，潜在客户就归别人了。她很拼，也变得有些计较得失，因此遭到了同事的排挤。按照她“眼里揉不得沙子”的个性，这事放以前，她早撂挑子不干了，但现在她知道，她有孩子要养，她多努力一分，自己就能更踏实一点。于是面对同事的猜忌、谩骂以及客户的白眼，她选择把自己当成一块石头——石头怎么会有感觉呢?

这真是“随便你怎么看我，我一定要得到我应得的那部分”。看起来脸皮够厚，但也只有了解生活不易的人才能体会个中滋味。

2.需要为父母养老

电影《我不是药神》中，中年人程勇是个穷光蛋，老婆跟他离了婚，他带着儿子，养着患有严重心血管疾病的父亲。医院多次下达通知要尽快手术，但他没钱，看着被病痛折磨的父亲，他只好在明知犯法的情况下铤而走险，去印度走私药品“格列宁”。

这也许是许多中年人的真实写照。当年迈的父母躺在病床上，贫困的我们马上就感觉自己不过是一只蝼蚁，我们真的没有资格去计较什么。

哪怕我们还算小有积蓄，就像某个冬天曾经刷屏的《流感下的北京中年》微信长文的作者，其岳父得了重度流感，如果上人工肺，那么把家里所有的理财产品、股票再加上老人养老的钱，理想情况下也只能撑三四十天，40天以后呢？卖房子！在没有房子可卖的时候呢？想想都觉得可怕！

3.身在职场本身的压力

我还有一个朋友，收入不算高，却要一天24小时待命。有时候她带着孩子来我家串门，手里拿着手机，耳朵里塞着耳机，说正在开网络会议。平时她负责人力，但还要为公司的产品写软文推广，外加公众号排版。领导一个电话下来，她还要拎着行李去出差。

有时我问她，是不是该让领导给你涨工资了？她说：领导觉得该涨的时候肯定会涨的。我说：可是你做了很多不属于你的工作啊？她说：那些工作都没什么技术性，我的学历不高，专业性也不强，只能多做一点儿，做得多还能学得多，以后人员变动我也不愁下家。

很多时候中年人面临的压力是难以言说的，他们的各种角色设定决定了他们不能马虎行事，因为如果失败了，从头再来是不可能的。

中年人面临的重重困难

首先，人到中年，自我实现受阻。有个中年读者跟我说，他是个内科医生，本来很热爱这个工作，但近年来医患矛盾愈演愈烈，领导为了息事宁人，明显做出一些不利于医生工作的决定。这让他经常有一种无力感：努力工作吧，没有意义；把精力投入年轻时怀有的梦想吧，好像也没有那么容易。

我很理解这种冲突，一方是做自己，另一方是他人和社会的期望，当一个人成功适应了外部环境并有了一定成就时，会因某些突如其来的变化而开始怀疑自己，或觉得空虚、无意义。这就是荣格所说的“中年危机”。

其次，人到中年，攀比心依然过重。比家产、比孩子、比地位、比见识、比谁去的地方更多更远。

我有个大学同学在三线城市做着一份普通的工作，家里有一个孩子，居然在三个城市搞了三处房产，然后又说压力很大。其实他完全可以卖掉一两套，但他的回答是：“现在都是买房子，哪有卖房子的？人家会以为你穷得揭不开锅了！”可见还是“不穷”，但这个“不穷”并不是从容得来的，而是过多的压力换来的。过多的压力和从容之间，孰轻孰重，虽然不同的人有不同的看法，体现的却是爱不爱自己的区别。

最后，人到中年，对于衰老和丧失的恐惧比比皆是。我有一个画画的朋友，从30岁开始颈椎就出了毛病，又过了几年，经常感觉胳膊腿在睡醒之后是冰凉、酸麻的。医生建议她多锻炼身体，她却觉得活动无用，再活动，该老的还是会老，老了和年轻时肯定不一样。比如皱纹增多、体力下降、肌肉松弛，对于某些事情心有余而力不足等，想想都觉得绝望。

以前我们认为年轻就是永远，就像张爱玲所说“小孩子觉得三年五载就是一生一世”，当时间无情流逝，我们才意识到自己失去了什么。这种对未来的不确定之恐惧，和对过去拥有的丧失之恐惧，是中年人绝望的根源。

真正能够滋养中年人的，是“减负”

对于中年人来说，如果某些丧失是不可逆转的，那么最好的做法就是承认并接受那些丧失，然后从丧失中获得发展的动力。

比如，放弃不能控制的事情。什么是我们不能控制的呢？天气不能控制，环境不能控制，别人对我们的评价不能控制，孩子的成长不能控制，等等。什么是我们能够控制的呢？唯有自己的选择和态度：虽然年华逝去，但是我们可以选择用积极的态度去看待——对世界的理解程度和年龄是成正比的，许多事情只有年纪到了才能真正理解；虽然孩子越长大越不服管教，但是我们可以选择承认他的独特性，并在必要的时候给予支持；虽然原生家庭不能改变，但是我们可以选择接受那些缺憾，也正因为缺憾的存在才成就了如今不一样的自己。

比如，放弃对他人的期望。生活中充斥着大量不满、委屈、失望与受伤害的时刻，它们都与期待值过高有关。就好像你认为父母是全能的，他们应该为曾经待你不公而道歉，实际上并不是他们错了，而是你的绝对性思维——“他们作为父母就应该怎样对待孩子”将你自己置于痛苦的境地。

比如，放弃过于发达的人格面具。荣格说过，中年以后人要发展自己人格的各个方面，放弃致力于人格面具的努力。当一个人放弃人格面具的时候，发展的往往是人格中处于弱势的方面，而这常常是人内在的精神价值。

比如，放弃过多无用的信息。这些信息包括网络推送，来自各方面人云亦云的观点，以及他人对我们的评价。一个人越在意外界的眼光和评价，就越不知道自己想要什么。我们有必要仔细审视自己，分清哪些是别人的要求和期望，哪些是从自己内心生长出来的真实愿望。当我们能够很好地成为自己的时候，我们本身就是处理信息的“过滤器”。

比如，放弃某些欲望。欲望只是欲望，欲望不能当作目标。就像你有了大房子还想要别墅，开着奔驰却觉得玛莎拉蒂更好。于是你不停地追，追不到不满意，追到了又空虚，继而转奔下一个欲望。这样的你本想掌控欲望，但最终却让欲望掌控了你。被欲望掌控，人是不得安宁的。但这不是说不必有所追求，而是指不为还没有追到的而痛苦，同时可以体会当下拥有的并为此感恩。

综上，当我们不害怕放弃，并懂得放弃不是丧失，而是为前行减负的时候，放弃本身就会成为我们力量的来源。

但愿我们都能做一个“识时务”的中年人，从容面对自己的后半生。

只有适时放弃些什么，人才能够轻装前行。人类是个特别奇妙的物种，如果把人的一生看作一个大的轮回，那么人在成长的每一个阶段都是一个小的轮回，比如婴儿在出生的时候就丧失了子宫带来的绝对舒适性，对此婴儿充满了恐惧。接下来这个婴儿需要完成各个阶段的发展任务，这是艰难的，同样也伴随着各种丧失。如果紧抓着丧失不放，则有可能出现诸多心理问题。

只不过中年的丧失过于明显和巨大，这一方面是生理机能的衰退所致，另一方面是社会属性带来的压力所致。但我们有必要提醒自己：中年以后的人生属于自己，没有人能够为我们负责。

为你真正热爱的事情而努力

青春不是资本，丰富的体验才是

我有个朋友，是开诊所的，每天忙得脚踢后脑勺，夜里12点之前从没睡过觉，数年如一日。一次我去她那里打点滴，得空儿跟她聊天，她说："我现在都40多岁了，皱纹长了不少，以后到了五六十岁可怎么办呢！"

我说："你想回到20岁吗？"她说："做梦都想。"

嘿，也只能做做梦了。

哪怕是做梦，我也不觉得一觉睡醒拥有20岁的面容和身材是多么美好的事。因为，有多么年轻的外表，就有多么年轻的内心。年轻是什么呢？很多时候它是和"浅薄"与"苍白"画等号的。

什么是浅薄和苍白？我觉得它有这样一种含义：我们目前的社会环境不太讲究尊重个体，也不怎么鼓励个体活出自己，20岁在某种程度上来说仍然是个孩子，虽然拥有成人的身体，但心理依然还处于与父母共生、与环境共生的状态。多数20岁的年轻人不太清楚自己想要什么，没有清晰的目标，也懒于努力和试错，过于看重和依赖他人的评价，对未来有莫名的焦虑，太多不确定感让自己感觉不到生活的意义。

哪怕20岁拥有娇俏的脸庞，能掐出水的皮肤，穿地摊货都能穿出大牌风，对异性也有十足的吸引力，也不过是给这五彩斑斓的世界锦上添花——世界够丰富的了，不在乎多你一份风姿。你有没有理解、感受到世界的风姿，这对你来说才是实在的收获！

马伊琍在电影《找到你》上映时接受采访，表示“40岁才是一个女演员的黄金时代”，她说：“这个年龄阶段的女演员应该是经历最为丰富、可演的机会最多的，你们看到我演的好角色都是现在这个年龄段，而不是年轻20来岁的小女孩形象。”

我想，大概是因为她对自己的事业和目前的成就很满意，她也知道等来这些好角色实在不容易，同时她从年轻过渡到中年的这段时间也被生活所挫磨，体会到作为一个女性、一个妈妈、一个演员的种种不易，这才有了“40岁才是一个女演员的黄金时代”之说。这是一句陈述，更是一句感叹。

但也许，她在年少的时候，并没有想到将来有一天，自己会以如此笃定、稳重的姿态面向众人。

谁不是从懵懂无知、虽浅薄但美好的青葱岁月，一路跌跌撞撞走过来的呢？怕就怕没有自己的喜好与坚持，没有应有的信念，这样即便到了五六十岁，也没有“活过”并“正在活着”的真切感受，如此倒更有理由怀念20多岁的时光了。

焦虑是不想面对目前现实的困难

我的公众号后台不时有年轻读者问这样的问题：

我想考研，又怕毕业后找不到更好的工作，白白浪费几年的时光，我该怎么办？

我攒了一些钱但还是不够首付，我很着急，不知道以后我会过什么样的日子！

我妈催我结婚，我不想结，又担心过了最好的年纪就更难找对象了，真是两难啊！

我觉得自己的工作发展前景不大，想跳槽又得重新开始，这让我很焦虑！

每次我看到这样的问题都想说一句：“你着什么急！”如果你二三十岁就什么都有了，四五十岁才开始厚积薄发的人又该怎么办呢?

出身好、长得好，这些硬性条件是不容忽视的，但很长时间以来我们接受的教育是要对好的先天条件嗤之以鼻，因为那是“不劳而获”。这真是个糟糕的做法，因为这只会让我们无视自己与他人起点的不同，却要求自己到达与他人一样的终点，这是不公平的，而这种不公会导致嫉妒和焦虑，平白增添对生活的怨气和不满。但如果你接受人与人生来境况就不同，接受“不同的起点，同样的努力会有不同的成就”，这样就不会有无谓的烦恼。

无论出身怎样，努力都很重要。如今一说“努力”，就感觉是在喊口号，实则不然，它就藏在日常生活的一点一滴中。有个朋友跟我说，他刚结婚那会儿啥也不会想，就知道上班、干活儿、挣钱。这就是努力，因为他不会去想干活儿再多有什么用、哪天才能买得起房子。

知道努力很重要的人，都体会过努力带来的好处。当一个人没有努力过，或者曾经努力过但是看不到自己的付出，只将成果归因为幸运、事情简单这些外在的因素，那么他一定经常体验到无力感和焦虑感，即无法掌控生活，也就对未来多了力不从心的感觉。比如我有个来访者，当我们谈到从小到大有没有为自己骄傲过，她说唯一对自己满意的就是成绩好（年级前几），但是她认为这很容易，原因是任何一个智力没有缺陷、认真听课、按时完成作业的学生都可以取得好成绩。可是很显然，在任何年代，在每个学校，智力正常、认真听课、按时完成作业的学生都有高下之分，这又作何解释呢？所以努力很重要，看到努力有用更重要。

如果你先天条件一般，也没有那么好的行动力，那么读书思考也是一个让自己获得美好生活的途径。这不是说书读得多了直接就可以变现，而是说读书（各个领域的书都要读，不是只捡喜欢的读）多了就会思考，思考不通就有与人交谈求解的动力，然后你会从不同程度上理解这个社会的结构以及它的运行规律，比如政治、经济、实业、资本，以及它们之间的关系和逻辑。理解这一点非常重要，因为它会让你看到自己的社会坐标，你每走一步都知道自己将要去哪里，哪怕行动力缓慢一点，你终究明白年轻时候多做些事不是浪费，而是储蓄，这样也不会有无谓的焦虑，不会老想着“我做这些到底有没有意义，我什么时候才能拥有想要的生活”！

选择一样真正喜欢的事情去努力

如果年轻与阅历只能选取一样，我想大多数人还是会选择后者。

我在23岁以前也写文章，但从来没有在任何公共平台发表过。当时有个年长的老师看过我写的文字，他说你的文笔虽然不错，但是没有内容。我听见这话恨不得找个地缝儿钻进去。

但是写得不好就不写了吗？我写给自己看还不行吗？我把我的观察、思考和情绪一股脑儿地写下来，什么也不图，只求有事可干，这个事情可以让我和这个世界紧密联系在一起。

现在我知道了，当我自认为生活很艰难的时候，写文章这件事能够一直坚持下去，得益于我的内驱力。即我想要自发地去追寻某个东西，而不是说这个东西很有用，它能给我带来哪些世俗的好处等，我为此才“发愤图强”。后者指的是外驱力，外驱力驱动的事情一般会带来耗竭感。

随着年纪渐长，同时增加的还有领悟力：我结了婚，需要面对和公婆的关系；我生了孩子，需要知道如何才能让孩子受到较少的创伤；我读过很多书，对其中一些我并不了解的领域充满兴趣，并认为只有读更多的书才能将其中一些内容串联起来。我还学会了怎样去爱一些人，也知道怎么拒绝不喜欢的人与事。这些都要靠经历去思考，而这些经历与思考所需要的时间是“年轻”二字所不能承受的。

十几年来我没有被写文章所累，相反，很大程度上它是我用来梳理头绪的工具。这让我想到一句诗：好风凭借力，送我上青云。

但你说，我通过写文章获得财务自由了吗？并没有，可我不能说以后不会！我通过写文章获得巨大成就了吗？也没有，我不过出过一本书，有些人觉得还可以。我的咨询工作也会继续做下去，我喜欢和来访者有内心情感的交流，并通过他们看到我自身的阴影。

总之我对自己目前的生活和工作很满意，一是因为有些愿望我已经实现了，二是因为我能看到自己是怎样从年轻、苍白一步步走到现在的，我没有理由忽视那些一点一滴的付出。所以我相信未来也不会坏到哪里去，该有的都会有。

综上，如果再有读者问我“怎么才能不焦虑”之类的话，我就把这篇文章发给他看看，并告诉他至关重要的两点：一是把一切交给时间；二是看到你曾得到的一切。

青春不是资本，努力过和努力着的青春才是资本。就算时光易老，我们也不必被太多忧虑和担心所累。抛弃那些忧虑和担心，身上的重担就变轻了。每个人都有权利和毅力追求想要的人生，不如想想“我最喜欢什么”“我可以做什么”“做什么可以让我只专注过程而少想到结果”，你的能量和资源就藏在它们之中。

第 五 章

亲密关系可甜：
真情互动中的蜜糖盈满幸福

好的伴侣关系是“爱而知其恶”

在头条上看到有人这样问：三观不同的夫妻让生活疲惫不堪，该不该因此离婚呢?

我看了一些人的回答，赞成应该离婚的言语犀利，似乎眼睛里揉不得沙子。认为不该离婚的则引用经典事例，将话说得非常妥帖。这给我一种感觉，后者是圆融的，前者是脆而生硬的，就像夫妻相处之道，不同的“道”会推演出不同的相处状态。

其实，夫妻相处真的没有那么简单，有人的地方就有矛盾，何况是朝夕相处的人。今天你用了马桶没有把马桶圈掀上去，明天我把袜子和内衣一起丢到了洗衣机里；今天我跟朋友聚会凌晨才回家，吐了一地让你不高兴，明天你又和姐妹们去旅行，完全不管我患了严重感冒……那应该怎么办呢？吵架吗？离婚吗？关键是吵了架、离了婚，问题也并没有解决。为了分歧而分道扬镳，下一段关系也许还会遇到同样的分歧，又该怎么继续呢？

有人说，夫妻是个共同体，共同的方面表现在情绪、行为习惯、心灵成长等方面。我比较赞成这个说法。

情绪不分对错，但它对双方的影响是同样的

众所周知，情绪具有传染性，一方因为压力大而皱眉头，另一方也不会轻松到哪里去。

此外，越是亲密的人，越是容易认同对方的投射。例如，丈夫最害怕别人认为他不会挣钱，当妻子抱怨家庭开销不够用时，她只是希望大家都可以节省一点，或者她自己也在焦虑孩子太小无法外出工作，但在丈夫听起来那抱怨特别刺耳，于是他开始发脾气，骂妻子嫌贫爱富。

妻子起初还会目瞪口呆，但是慢慢地她会为自己并不熟悉的思维方式找一条通道："原来这就是男人挣钱太少的原因！"这时她开始真的瞧不起丈夫。至此丈夫已成功地将妻子变成了一个"我不希望你如此对我，你偏如此对我"的人。

在这个事例中，没有谁对谁错，也没有谁无辜或有罪，只

因一方太轻易地把自己不能接受的阴暗面投射到对方身上去，另一方又因关系紧密而在不知不觉中接收了这一点，于是双方都感觉受到了伤害。夫妻对彼此关系的认知不够清醒，才导致了生活的一地鸡毛、面目可憎。

在行为习惯方面，榜样的力量是巨大的

在行为习惯方面，夫妻双方更是一个共同体。我曾听一个朋友说，她在结婚以前从来不说粗话，但是丈夫由于成长环境的影响骂起人来一套一套的，她很吃惊，也很生气，再加上骨子里与生俱来的要强的性格，她便也开始骂人。她骂起人来更狠，因为她文学水平高，她会将粗话和典故、成语结合起来，引得丈夫只能回敬她一句“世上最毒女人心”。

但一个人好的行为习惯也会带动另一个人好的行为习惯。我的闺密在孩子入幼儿园之后，马不停蹄地捡起了她自己的专业，她的想法很简单，只想找个对口的工作赶紧融入到人群中去，在家里带孩子实在是太单调了。

结果在她勤奋的学习中，她老公注意到她有很长时间没有和他吵架了，一时竟有点不适应，紧接着就被她认真的态度吸引了，很自觉地把自己一直想考的一级建筑师考完了。要知道，为了让他认真对待这件事，闺密在当初耗费了多少口舌！

人常说，榜样的力量是巨大的。往往是一个人开始读书，另一个人也会注意到书；一个人爱发脾气，对方只好发更大的脾气才能与之抗衡。

杨绛和钱钟书的故事众所周知，杨绛就有一个好习惯：从不指责。钱钟书在生活中特别幼稚，他的方向感极差，一出门就迷路；穿鞋子不分左右；在牛津留学时，他经常弄脏房东家的桌布、砸碎台灯、弄坏门轴。杨绛对此没有一句责怪的话，总是笑眯眯地说："不要紧，我会处理。"杨绛是智慧的，她懂得"爱而知其恶，憎而知其善"的道理，意即爱一个人要清楚他的缺点，恨一个人也要明白他的优点。杨绛不介意包容钱钟书的幼稚，作为回报，钱钟书不仅成了一个"誉妻狂"，他也尽可能地让杨绛开心——坚持为她做了几十年的早餐，他不只是做，还做得精致而地道，可谓用心至极。

感情的融洽不过是投桃报李的过程，一方宽容，另一方自然会在松弛中尽可能地给予。但如果一方采取"恨铁不成钢"的态度，占据道德高位而对对方进行说教，那么就会招致对方的反抗、厌恶，甚至被动攻击，关系也好不到哪里去。人们也就只好拿"三观不合"来说事了。

好的婚姻需要至少一方的心理成熟度较高

我曾看到过一则关于“三观不合的伴侣应该分手”的故事，大意是说女方想去影院看电影，男方却说在视频上看就可以，没必要花那个冤枉钱。女方感觉鸡同鸭讲，瞬间没了交谈的动力。

其实女方不过是想和所爱的人来一场浪漫约会，并不单纯是为了看电影。如果她肯进一步理解男方，懂得他是个思考功能发达的理工男，一切以实用为主，可这不代表他对她的感情变了味道，那么她就可以收起受伤的情绪跟他直接挑明：人家只不过想重温一下热恋时光，你就给一次机会嘛！这样的话男方十有八九会开悟。

作为实用主义的男方，如果他足够尊重婚姻，懂得理解是婚姻必不可少的条件，那么他的脑子里一定会多一根弦，至少问一句为什么，而不是直接给出一个结束语式的句式，用以灭掉对方心中燃起的小火焰。

与其说好的婚姻需要高情商，不如说好的婚姻需要至少有一方是成熟的，成熟意味着理解、责任和包容，而不是赌气、逃避和攻击。

前者意味着一方可以带动另一方的心灵成长，后者意味着双方都不打算成长，只想待在被给予的孩童状态。而两个孩子过家家，又怎么可以滋养彼此呢？在如此耗竭的情况下感情分崩离析，又怎是简单的三观不合就可以了断的呢？

窃以为无论从哪个角度看，“三观不合”都是一个伪命题，“夫妻是个共同体”才是个真命题。这是个婚恋自由的时代，多数夫妻处于同一个阶层，爱好兴趣没有天壤之别，受过的教育也都差不多。

曾有一组数据表明，近几年来的离婚率不断攀升，排在第一位的原因不是家暴、出轨或没钱，而是生活琐事。生活琐事像密集的蚁穴，看似不起眼，但终有一天可能会蚕食掉婚姻的千里之堤。

可是婚姻本身就是一个“修行场”，夫妻没有绝对的独立，双方在场中互相影响，一方的情绪和态度可能会引起另一方行为的改变，另一方的行为可能又会反过来引发这一方更激烈的敌意与口不择言。这中间没有对错之分，也不应该有对错之分，应该有的只是双方都要尽可能地内观自己，从而思考“到底发生了什么，又是怎么发生的，什么才是更好的解决办法”。

百年修得同船渡，千年修得共枕眠。弱水三千，我们不偏不倚正好取到你目前拥有的那一瓢。世上有那么多的人，我们兜兜转转还是撞上了眼前这一个。这本身就是一种奇妙的缘分。

还记得多年前我的一位表姐经媒人介绍对象，因表姐长相极美，可挑选的人家足有七八家。有邻里开玩笑地问我阿姨：

“到底挑哪家才是对的呢？”阿姨说了一句意味深长的话，我至今都记得，她说：“挑到哪家，哪家就是对的。”

这话说的很有水平，我对此的理解是：少有人是被迫出嫁的，遇到谁，只要认真对待，那个人就是对的人。

婚姻需要认真对待，没有谁和谁的三观天生就百分百契合。双方的相处之道表现在外在就是尽量互相迁就，以人之长补己之短，表现在内在就是不断地觉察自己，深信当自己改变的时候，对方也就改变了。从这个层面上说，婚姻经营得好，正是个人获得长足发展的明证。

不是所有的男女都适合做夫妻，但只要成了夫妻，就证明这段感情值得存续下去。假如结婚以前双方看着彼此都很好，但慢慢却变了味道，这不是对方变了或感情淡了，而是我们调整自己的机会来了。但这并不表明所有的问题都出在我们自己身上，也许对方真的有错，然而改变对方远没有自我反思“为什么我会和他在一起”更实在。

亲密关系中，讲道理是必要的

俗话说，家不是讲道理的地方。言外之意是家务事最烦琐，各人都觉得自己是对的，所以讲道理无用，只会变成口舌之争。于是很多人就把这句话当成了处理关系的法宝，本着“我不跟你一般见识”，或者“越说越复杂，不如不说”的信条，期待能够大事化小、小事化了。

越越跟我讲过一件事：她公婆以身体不好为由住进了她家，她一再提出带他们去医院检查，但他们一致推说没大问题，只要休息一段时间就好。然后他们开始实施真正的目的，即催生二胎，隔三岔五便提到此事，说“一个孩子太孤单”“某某都生了二胎了”“应该趁身体康健多生一两个”云云。越越不胜其烦，只好表明自己的态度：“生不生二胎是我自己的事情，我不想生的时候谁催也没用。”

公婆觉得自己的威信受到了威胁，进一步批评越越不懂事、自私自利，越越忍无可忍，说的话便不好听了。争执之间越越的老公打了她一巴掌，以致她带着孩子在娘家住了两个月，扬言如果公婆不离开，她就要去法院起诉离婚。越越的老公为了息事宁人，把他父母送回了老家，又接回了越越。

越越说，她并不计较公婆不讲理，毕竟一个人的处事态度和三观不是那么容易改变的。她计较的是她老公对这件事情的做法和想法。

当越越问：“我们能不能谈一谈那件事？”

她老公就会说：“有什么好谈的？我父母不是走了吗？”

“重点是什么，你不清楚是吗？”

“好了好了，留点精力考你的职称吧！”

越越心里特堵得慌。又过了一段时间，她好不容易逮着个机会对她老公说：“对于你打我一巴掌，你不应该向我道歉吗？”

她老公很奇怪地看着她：“我以为你看到我为你做的那些，你已经原谅我了！”

越越也很奇怪：“你为我做什么了？”

她老公说：“我每天下班准时回来，很少出去打麻将了，我给你买了按摩椅，周末带孩子出去玩，我做的够多了吧？”

越越哭笑不得："你以前也会这样做，为什么现在这样做就是为了我呢？"

她老公逐渐生气了："你不要得寸进尺啊！"

类似的谈话总是无疾而终，越越的胸口像堵了一块石头。其实越越只是想让老公给她一个真诚的道歉，明白自己哪里做错了——不仅是那个巴掌，还有公婆肆无忌惮地侵犯她的边界时他的不作为，甚至还充当公婆的帮手。当然，也许他一时不能意识到这有多么不妥，毕竟他是在一个大家庭里长大的，大家庭的事情不分彼此。但正因如此，才需要一次次的沟通。可是那个男人一副拒谈的样子，还表露出一种"你不要没事找事"的神情，这令越越不得不怀疑婚姻继续的意义。

婚姻生活中会有很多冲突，但解决冲突的办法就是去谈、去沟通、去面对，而不是本着"清官难断家务事"的想法拒绝"讲道理"。人为了维持表面的和平而避免去碰触冲突，只会让整个家庭波涛暗涌，说不定哪天就翻船了。

常见的"不讲道理"有以下两种：

一是回避沟通型，指"自觉没什么可讲的，一家人讲那么多显得生分，心知肚明就好了"。越越的老公就属于这种类型。他只能意识到自己打人是不对的，但他觉得道歉未免太形式化和表面化，不如通过多做些事情来弥补，并一厢情愿地认为对方和自己心照不宣。

但“人心隔肚皮”，虽然它的本意是说人心难测，并有一种慨叹的意味。可我总觉得这句话特别形象，它生动地说明了在两个人的想法和感受之间有巨大差异：你突然之间那么好心，为家庭做了许多事，你不说为什么，弄不好我会以为你无事献殷勤，非奸即盗；我意识到在某件事情上对你的态度恶劣并因此感到愧疚，我不针对此事与你沟通转而在其他事情上讨好你，你便以为我是个无原则的人。

人心与人心之间隔着两层肚皮——你的和我的，你以为的他人的想法不过是你的揣测，你没有任何证据表明你的想法就是别人的想法。于是当一个人错误地以为“不用说那么多，大家都清楚”时，家庭矛盾只能愈加白热化。

二是过度情绪化型，指情绪上来了什么道理都不讲，没办法好好说话。这是因为这个不能好好说话的人的创伤被激活了。

比如一个女人由于原生家庭的原因认同了“女人就应该站在男人的背后支持他”，且她幼年的生活恰恰是被要求做一个听话的、乖巧的孩子，她的自发性兴趣从不被认可。当她成年后进入婚姻，老公尝试说服她放弃工作专心在家带孩子，她会对此异常愤怒且害怕。其实她老公并不是一定要她放弃工作，只不过是想与她一起想个办法让家庭正常运行，但她不能碰触这个话题，一旦提及就会情绪失控，以致老公只好来一句：“你怎么这么不讲道理！”真正的事实却是男人的话语激起了她被忽视、被贬低、被期待的创伤，而真正伤害她的却不是眼前这个男人。

再比如有人在被要求道歉的时候，即便他意识到自己做错了也死活不改口，还会自保式地辩解或攻击他人。因为在他的认知中，道歉是一个屈辱性的行为，道歉意味着被羞辱、被贬低、被嘲笑，而不意味着勇敢和担当。

因过度情绪化而不讲道理的人，也有一些是已经习惯了用情绪化的方式去实现目的。我有读者讲到，她的父母因为她不结婚会采取“一哭二闹三上吊”的做法，而她又是极其孝顺的，父母一闹她就安抚说“等过了这段忙碌的时间我就去相亲”，应付得多了，父母越来越不相信她，只能变本加厉地哭闹，彼此之间也越来越不能进行理智的沟通。

因过度情绪化而不讲道理，很多时候只是在纯粹发泄，就像一个毫无理性的小孩子。例如婚姻中的一方时常感到愤怒和被亏欠，只要对方让自己不满意，自己就通过情绪化的哭泣、质问、反驳等方式来发泄胸中的郁闷。实则并不是真的被亏欠，而是内心的匮乏所致。

真正的讲道理是在情感层面上进行的，比如我向你表达我的歉意，我会说“我错了”，但不会仅止于此，我还会说明我哪里错了，我当时的心理活动和感受，以及我的错误给你带来了什么伤害，并保证下次我再也不会这么做了。

许多事情并没有意识层面的道理可讲，只能通过情感层面的交流，弄清楚发生了什么，这才能够促进彼此关系的发展。相反，一厢情愿地以己度人，或想当然地认为对方跟自己想的一样，这只能推断出许多事情不需要讲明，也不屑讲明。这样的信条所派生的行为，常常使人愤怒，给人带来严重的隔离感，从而使人觉得自己毫无价值。

家庭是个特殊的团体，里面充满了冲突和张力，这是正常的。一旦没有了冲突和张力，彼此也就不再需要和被需要，家庭也就没有存在的必要了。

因此，我们每个人都应该学会不再假装生活和谐，学会不再回避矛盾。解决矛盾的创造性的过程，也是让我们获得充实感和意义感的重要方式之一。

如何与另一半“讲道理”？

1.确定此时此刻要解决的事情或问题是什么。

2.表达自己对这个事情或问题的感受，而不用“我认为你应该怎么做”的句式。一旦“应该”出现，“对错”就会出现，这是处理彼此关系的大忌。

3.只谈当前的问题，不翻旧账。

幸福是一种能力，而不是一种状态

有个当会计的朋友告诉我，她把原来的房子卖了，又借了一笔钱，换了市中心一套180平方米的跃层。从买房子到装修，整整半年她每天都兴致勃勃，不厌其烦地找装修队、看设计图、买材料，一年后搬进新居，快活了没两天，整个人就又回到了原来对居住环境有诸多不满的状态。

她对我说："你说我图啥呀？没搬家的时候兴高采烈，住了大房子觉得也不过如此，挺没意思的！"

这好像是人们生活的常态。前几天有个曾卖给我房子的房产中介的店长拉我去看一个新开盘的楼盘，他虽然年轻，却很能干，短短两三年时间，他就从一穷二白到名下拥有两套房产，还开了一辆"四个圈"。但在看楼盘回来的路上，他忽然说：

“唉，买这车买后悔了！”我问为什么，他说：“没啥意思，还背了不少的贷款。”

我想到我自己，以前非常喜欢画画，因为可以挣到稿费。那时候还在大学里住，所有的信函都要去收发室拿，每个月我觉得时间差不多了就开始往收发室跑。从跑收发室到拿到汇款单，再到去邮局取出汇款，这是我感觉最幸福的时候。然后，这幸福感很快就消失了，直到下一次收到汇款单。同时我还有一个很奇怪的想法：难道这就是我想要的生活？这生活也不怎么样嘛！

你瞧，虽然人们都在讲，“我一定要幸福”，但太多人不知道幸福为何物，怎么才能幸福了。以前我也不知道，但随着阅历的推进，读了很多书，以及以咨询师的名义和来访者深度交谈，我渐渐领悟到，原来幸福是一件说容易很容易、说困难也很困难的事情。

这世上大概有三类人不知道幸福是什么。

第一类是抱有“等我……的时候就好了”想法的人。

还记得那个公益广告吗？“等你长大了妈妈就享福了，等你考上大学妈妈就享福了，等你结婚了妈妈就享福了”，其实用脚指头想想就知道，这个妈妈从来没有享过什么福，因为她把自己的幸福寄托于外部世界，如果外界的人和环境能变成她想要的样子，她就认为自己是幸福的。可实际情况是，人的欲望是无限的，满足了一个还有下一个等着你，所以你想幸福就只有不停地追，但这会产生两个结果：一个是永远不满足，永远不幸福；另一个是欲望或目标到头了，你不再有其他想法，这样你就抑郁了。

所以“幸福不是一种状态”，不是“我开上奥迪就快乐了，我住上别墅就幸福了”，你拥有了奥迪你会觉得仍然不幸福，因为你想要玛莎拉蒂，你住上了别墅却恨不得再拥有一座庄园。

第二类不知道幸福是什么的人要属“习得性无助”之人。

“习得性无助”是指人们对于生活中哪怕很小的困难都无力去改变，只能任由自己在困难中沦陷。这样的人无论如何也谈不上幸福。其中“习”字特别关键，意思是“学习”，就是说他的无助、任由自己沦陷的做法是他在以往的生活经验中学习来的。

我们通过学习识字可以读书看报，通过学习文化知识可以考上大学，通过学习尝试错误可以获得解决问题的方法，而通过学习逃避则会让自己永远陷于困境。

第三类不知幸福为何物的人，即“今朝有酒今朝醉”型的人。

抱有这种想法的人对自己的评价很低，因为他们不想未来、没有目标；不懂得延迟满足的重要性，想要什么就要马上得到；没有长远的打算，好像以后怎样与他们无关；对于必须要做的事情则是能拖延就拖延。

比如收入少，那没关系，反正我花得也不多；多年以来都待在同一个岗位上，那也没关系，我淡泊名利；面对一些新鲜事物和奇思妙想，一般也是不接受或无动于衷的，因为想太多没用。他们看不到自己的内在价值，或者认为价值需要交换才能得到，所以他们只能一边及时行乐，一边觉得生活无趣。

以上说了三类不懂得幸福是什么的人群，那么拥有什么样想法或信念的人就可以得到幸福了呢？

既然幸福不是一种状态，那它是什么呢？

它是一种能力。能力又是什么？

能力包括很多种，比如我们说一个人拥有思考力、活动力、视力、听力、想象力……然而还有一种力量叫作感知力，即对人、事、物的感觉和对这种感觉的整合能力，感知力敏锐的人对于外界的刺激反应比常人要激烈。

幸福是对快乐、美好的感知力。谁的生活中也不缺乏快乐和美好，缺乏的是对它的感知。感知不到，幸福再多，也不觉得幸福。

这一点常常让我觉得匪夷所思——周围客观的事物并没有发生改变，但如果人对它的感觉发生变化的话，世界也就改变了。因为世界是什么样子，取决于你感受到的它是什么样子。

有读者对我说："我的幸福都在过去，我只有在怀旧的时候才会觉得幸福。”我认为这个说法是不对的，如果怀旧才美好，那么现在这一刻呢？你怀念过去的某一刻，请问那一刻你真的快乐吗？你怀念某次旅游，但当时是不是感到焦虑呢？你怀念学生时代，学生有升学的压力，那时你的未来还不可知，你真的觉得幸福吗？你怀念初恋，那个恋爱的过程中就没有诚惶诚恐吗？假如现在的时光都用来怀念从前，那么以后的时光也会怀念现在，但现在真的很美好吗？

如果没有体会当下的能力，所有的怀旧都不是幸福，因为过去的每一刻都曾是当下。

感受都是当下的。就好像有句话说：“好了伤疤忘了疼。”伤疤证明你受过伤，受伤的当时你一定很疼，那个疼就是当下的感受，过了那个当下你还能体会到当时有多疼吗？你只是记得当时很疼，却忘了那种疼是什么感觉。

幸福的感受也一样是当下的。好比我正在写文章，工作之余起身去客厅喝水，却看见客厅的地板上一片狼藉，玩具、布料、黏土粒、玉米粒扔得到处都是，那是前一天小宝的杰作。以前大宝小的时候我看见这样的场景会心生焦虑，甚至愤怒，因为我会想：“又要收拾半天，没有一个人能帮我的忙，难道我生来就是打扫卫生的吗？”可现在我看见的是乱糟糟，心里感受到的却是幸福，因为我换了心态，我会想小宝还小，她也只有在这样的年纪才可以搞破坏，等她以后长大了、上学了、离家了，我想让她需要我，她都可能不耐烦。至于房间很乱，有力气就收拾，没力气就让它乱着，这没有什么。

所以，有幸福的能力就是有“可以体会当下的美好”的能力，虽然当下可能并不美好，只看你从哪个角度去理解。这又回到了那个观点：世界的样子就是你愿意看到它的样子。

幸福不在过去，也同样不在未来，因为未来的都是欲望。千万不要有“等我……就好了”的想法，这个“等我……”就是欲望，假设欲望是有限的，那么当你实现最后一个欲望，你就很可能陷入抑郁中，因为再也没有目标了。但其实欲望是无限的，当你以欲望的实现作为幸福的基石时，你得到的只是焦虑而绝不是幸福。

那是不是人就应该没有欲望呢？

人生来就是有欲望的，人也有满足自己欲望的需求，但我们可以做到不为得不到的而痛苦。怎么做到呢？只要想想“得到了也不一定幸福，因为还有下一个欲望”就好了。也就是说，我们可以为未来打拼，但同样能体会当下的快乐。

如果不能体会当下的快乐，那么时间流逝的就是空乏，人生归于苍白，苍白怎么会幸福呢？

当下的快乐是什么呢？是那些注定会被时间带走的东西：现在我们耳聪目明、容颜仍在；我们的身体依然有力，依然保持着对未知事物的热衷和思考力；我们的孩子虽然需要操心但都还在身边，我们一家人都还好好地在一起……我们拥有的如此之多，还不够幸福吗？

如何培养幸福的能力？

1. 看到自己拥有的东西，不要以为它们是理所当然存在的。

2. 感恩自己拥有的，未曾拥有的不必多想。

3. 把心思放在当下，慢慢去做一件事，并仔细体会那些所思所想。

珍惜每个当下，幸福就如约到来

曾有个好友看着自己以前的照片说：那会儿只有梦想，不懂什么是爱情，以为自己会打一辈子光棍……可是现在，他已经事业有成，婚姻和美。

而我，瞬间被他的话击中了。他的话代表了一种普遍的心理：以为一时是什么状态，就会一直是这样的状态，我们没有意识到要爬到一个稍高的山坡上像看一条绵延的路一样，看一看命运的转弯处在哪里。

不过，命运不是一下子就转的，而是在不知不觉中变化的，就像你的指甲、头发在静默中生长一样。只要你能为命运提供它所需要的“营养”，一如身体为发肤所提供的那样。

幸福是一种对当下的关注

我有一个朋友很能干，大学毕业后没几年就考到了注册会计师证，当她二十六七岁，事业上风生水起的时候，同办公室的中年同事劝她："你赶紧结婚才是正经事，工作不必那么拼命。"她一度怀疑这才是金玉良言，也曾因此迷茫，因为她不知道拼命的意义何在，难道要这么孤独终老吗？

可是又不能随便捞个人去结婚，即便她想，也没有人可以结；她离家很远，家人就算操心她的终身大事，也是远水解不了近渴。为了减少孤独感，她去参加了朋友推荐的读书会，听各种各样的人讲自己对于某本书的理解，并学着去写书评。然后，她经常感觉自己进入了一种"心流"体验，即对于某行为的专注状态，这种体验让她着迷。当然，工作和书并不是她的全部，33岁那年，她在与读者的交流过程中遇到了命定的另一半，两人约定白头偕老。

这个故事曾在很长一段时间内激励着我，它让我明白：幸福是一种主动的选择，当你的注意力更多地在当下的感受上，你就更容易获得幸福；当你的注意力更多地在担心、忧虑和恐惧中，你就越发觉得永远得不到自己想要的。

有关创伤的心理学研究证明，人的大脑是通过使用来获得成长的，当你选择感受当下的美好，久而久之，你的大脑就会学会并适应这种激活模式，在这种模式的支配下，你自然而然就有了足够多的兴趣与胆量去向外探索以及与人互动；反之，如果你经常让自己处于受惊吓的状态中，你的大脑就非常容易感知到事物的负面信息。

所以，乐观的人更容易获得幸福，而悲观的人更容易耽于不幸。什么叫乐观呢？不是说我相信我做的事情一定会有一个好结果，而是说我要忠于自己的当下——那些鲜活的感受或力所能及的事物，它们会成为支撑我的“框架”或“基石”，这种被支撑的感觉就是幸福。

幸福不是感受，而是能力

很多人错误地以为，幸福是一种状态，此刻由于什么条件、环境、人们怎样对待我，使我的感觉良好，这个时刻我就是幸福的，反之则是不幸。似乎幸福取决于外界满足我的程度。

其实不然，幸福是一种能力，这种能力要求你必须有所选择，选择从当下的、“实在”的事物出发，比如你的真实感受，你所拥有的资源，可以为你带来安全与爱的“好”的关系；放弃那些“不实在”的东西，比如恐惧、担心、忧虑，因为它们不是现实，只是想象。

电影《当幸福来敲门》中，克里斯·加德纳与儿子一再遭受生活的打击，当他们因无力支付房租而被赶出来无处可去时，克里斯仍选择在车站的候车椅上与儿子玩一场“时光机”的游戏：他们假装回到了恐龙时代，假装为躲避恐龙攻击而钻进了某个“山洞”——厕所，并在那里度过了饥寒交迫的一晚。这个游戏将残酷的生活演绎得淋漓尽致、令人动容。

克里斯痛苦吗？当然！但是他绝望吗？未必。在困顿的生活中仍不忘以游戏的方式来保护儿子的人，是不会对生活绝望的！

影片的最终，克里斯成了一代富豪。但克里斯的幸福不在于他成了富豪，而在于他对当下的感知——有当下才证明你是活着的，真实地活着才能对自己的生存和快乐负责。假如没有感受当下的能力，克里斯也许早就被沉重的生活给压垮了。

幸福的人不是不会经受磨难，而是在磨难中仍懂得做好每一件当下的事。然后你会发现，该来的总会来。

就像上文的朋友，即便感到迷茫、看不到未来，她也仍然从当下现实的、可以做的事情入手，而不是为了填补焦虑去相亲，或揣着一颗恨嫁的心每夜在孤独中入眠。

相信自己足够好，由此带来的笃定感会让你收获幸福

你有没有过这样的焦虑：

我知道应该做点什么，但我无法停止刷手机，反正我和我的时间都是无价值的。

我对生活没有要求，人命天定，胡思乱想没有用，我一辈子也就这样了。

我特别想去努力一把，却不知道这有没有用，万一得不到我想要的结果呢？

我这么认真地去做，不知道生活会不会善待我一点儿？

我们的内心经常会被这样那样的焦虑所填满。我们总是感觉哪里不对劲，却又不敢妄想太多，总是想努力却害怕依然得不到想要的。这些焦虑其实都是“我不好”所致，因此我们才对自己和自己所做的事情没有笃定感，不相信自己会被生活厚待。

不如反问自己一句，我真的不够好吗？证据呢？我是不是用别人的眼光和标准看待自己了呢？难道我没有按照自己的意

愿行事或追求自己想要的快乐的权利吗？

不妨想一想曾经拥有的吧：你为了某个兴趣，学会了一项技能，那项技能丰富了你对世界的认知；某个时刻你突发奇想，决定去做一件事情，结果你做成了；你对你的行业一无所知，但是常年坚持下来，你发现自己竟然成了行业高手……这些过程一定会让你确定地意识到，你的所作所为都不会白费。

曾经我也以为，我买不起房子，找不到好工作，做不了自己喜欢的事情，我记得以前女儿小的时候，我会趁她睡觉或者忙家务的间隙去看会儿书，写几行字，偶尔还要应付考试，更多的时候是接受心理学方面的培训。这些事情都要求我全神贯注地投注于当下，否则，一不留神，感受、体验和大脑的思考就跟不上了。那个时候我也焦虑，不知道自己做的这一切到底有没有意义。多年后的现在，我庆幸自己没有浪费那些美好的时光，同时我很想抱抱那个时候的自己，并对她说："你做得已经足够好了，你不必焦虑。"

所以，不如把迷茫和痛苦交给时间，以后你会知道，以前的那些担忧都是不必要的。不必要是因为以你现在的眼光来看，你知道你的付出都是有用的，你对它们很确定，就像你知道一间房屋里放着什么家具和物什，你轻而易举就能找到想找的。熟悉的、确定的内容不会让我们焦虑。

假设一间房屋对你来说是全然陌生的，你一定会有焦虑感。

未来能不能幸福也一样是不确定、不熟悉的，在此，我觉得最好的办法就是做好该做的，同时不要想太多，因为一旦想得太多，注意力就不会集中在确定的当下，而是在不确定的虚无缥缈中了。

但愿我们都明白，时间会解决我们的焦虑，幸福不会亏待一直追求幸福的人。

人们喜欢怀旧，是因为过去是确定的、安全的，人们知道过去先发生了什么，后发生了什么，最后的结果又是什么样。

人们对未来迷茫，是因为下一刻怎样谁都不知道。这种未知和不确定让人担忧。

对于未知的事物，我们能做的只有两点：一是做好当下能够做的；二是放手、学会等待。

满足我们对爱和“需要别人”的渴望

看过王玺老师的一篇文章，名为《每个人都不是一座孤岛》。文中描述了一个在孤儿院长大的孩子进入社会之后的绝望感。这个孩子对咨询师说：我觉得没有人需要我。但是咨询师告诉他：可是你需要别人！

是的，别人需不需要我们，我们不知道，重要的是我们是否“需要别人”。

虽说人的本质就是孤独，可正因为这样，人才有聚合的倾向。每个人都需要与他人连接，才不会被深深的孤独感所淹没。那些认为“没有人需要我”的想法，其实背后的真实含义是“我不想和你有任何关系”。

对有些人来说，“关系”意味着耗竭

试想一个人在与他人的互动中，经常被指责、被要求、被期待、被索取，或他在求助时经常被冷漠地忽视，那么他对“关系”的感受一定是不美好的。

小鸽就是这样，她看起来很开朗，但是在家庭生活中，“关系”常使她产生深深的无力感。

有一次她抱着两床加起来足有7公斤的被褥下楼去停车场，打算将被褥放到车里，再送到附近的家纺店中翻新。但是到了停车场发现车不在，她才想到昨晚爱人喝多了酒，可能没有把车开回来，但她已经没有力气再把被子抱回家了。就在那一刻，她感觉无比疲倦，又累又困，那种感觉几乎是瞬间袭来的。她崩溃地将被子扔在地上，又把自己扔在被子上，将身体蜷缩起来。

后来她向我描述当时的情形，说感觉自己挺可笑的。有路人问她：“姑娘，你哪里不舒服吗？”她都没有力气说话，只能朝人家摆摆手。再后来，她的邻居看她状态不好，就给她爱人打了电话。当时她爱人正带着孩子在游乐场玩，接了电话就风风火火地赶来了，问她怎么了，她只是说胃疼。

她爱人抱起被子，带着她和孩子回了家，其他的竟然什么都没问。也许当时的情形不适合进行任何问话。

回家后她才强打起精神对爱人说：“如果我让你把被子送去××家纺店里，再动手拆掉，放到那里翻新一下，你会去吗？”她说这话的时候声音有点哆嗦，她不知道自己在害怕什么，甚至她明显感觉自己有怨气，但也不知道在怨什么。

她爱人听了之后，虽然面部表情不那么轻松（也可能是她的投射），但还是抱起被子按她的要求去做了。这令她大大地松了一口气，身体中那种疲累的感觉也消失了。

这本是一个再普通不过的生活事件，却引起她那么大的情绪和身体的反应，深究原因，是因为她总是力图独自解决一切事情，能不麻烦人的就不麻烦人，包括和她最亲密的爱人。但如果据此得出结论，说她是一个勇于承担的人，那就大错特错了。她不麻烦人，是因为她不敢麻烦人——她觉得对方不会答应，她也不相信可以得到对方的支持。

她的这种信念与她的原生家庭有关。一则她妈妈身上就有一种深深的无力感，在家里，爸爸就是摆设，只管挣钱拿回家，其他事情都跟他没关系。小鸽认同了妈妈的这一部分。二则她妈妈的“爱”是匮乏的，当小鸽与她产生关联的时候，小鸽往往是得不到支持的。所以，“关系”对小鸽来说，就好像一场巨大的沙尘暴，她被埋得灰头土脸，无力从中脱出身来。

“关系”耗竭，是因为我们从不“需要别人”

小鸽的那种“不会得到支持”的想法，有时是真的。比如她要求爱人去做一些事情，爱人的答复很可能是“我太累了”“过会儿再去”（但是过会儿可能就没下文了），或他当时说完“没问题”后继续打游戏，打着打着就把这事给忘了。经常发生这样的事情，她就很生气，生了气就不想再跟他说话，不想说话就只能自己去做事。

但另一些时候，“不会得到支持”的想法却未必是真的，就像她希望爱人能把被褥拿去翻新，而他照做了一样。当然更多时候，她并不是一个人在面对生活的压力。爱人会对她说：“你想干什么你倒是说啊，你不说，我怎么知道你想干吗？”这句话正是她的痛处。因为她根本不想和他沟通，沟通对她来说，除了“累”没有别的用处。

为什么会累呢？

第一，累是“控制而不得”：当事物的发展方向不是自己想要的，且又不能改变时，累的感觉就到来了。比如小鸽支使爱人做点什么而他一直拖延，她不能控制他“马上去做”，这个时候她是崩溃的。

第二，“累”还有另一个机制在起作用：如果小鸽能够耐心一点，催一次不动就再催一次，他还是会去做的。毕竟小鸽的目的是希望爱人能够分担。但小鸽会觉得“他凭什么就不能主动一点呢，我又不是他妈还要哄着他”。即她习惯把对方置于一个“他应该是某个样子”的状态，一旦期望与现实不符，她也是崩溃的。

总体来说，小鸽在与爱人互动前，就预设了一个这样的情况：他不会（按我的要求）去做。

其实，家并不是一个人的家，但小鸽却似乎把自己放在主导位置上，暗自认定那是她一个人的家，其他人只要听从她的吩咐就好。也就是说，她并不真正需要别人。

真正需要别人，才会导致良好关系的产生

什么才是良好的关系呢？这一定要满足两个条件：一是它是可以流动起来的能量；二是看到并尊重对方真实的样子。

我想到一个朋友，她告诉我，她在假期或周末最喜欢去的地方是她舅舅家，她很喜欢她的舅妈。她舅妈是个很普通的女人，但她和舅妈相处，不知怎么的，就是很舒服。她经常带着女儿去舅妈家，和舅妈、舅舅、表妹一起做顿家常饭：有人负责摘菜，有人负责清洗，有人下刀工，有人喜掌勺。总之大家各自揽了一摊活儿，一边喜悦地交流，一边干着眼前的事儿。

没有人抱怨你弄乱了厨房，也没有人嫌弃你放多了盐或糖，如果你不会用厨房里新换的烤箱或电压力锅，舅妈会耐心地教你每个开关怎么操作。

朋友说："舅妈的耐心是真的耐心，你从她的语气和神情里就能知道，她传递给你的是这样一种感觉：我对你和我们正在做的这件事非常感兴趣。"这是没办法骗人的。

我非常相信朋友所说的"这个是没办法骗人的"，因为使关系通畅、生动的根本原因就在于：我对你感兴趣，我和你在一起收获的结果就是兴趣，而不是你是否满足了我的期待和愿望。

我想，朋友的舅妈就是一个真正"需要别人"的人。正因为需要别人，才会对别人感兴趣、耐心、没有评判。与这样的人相处，自然会很舒服。

每个人对"关系"都是有预设的，自己的爱比较多且有良好互动经验的人们，对"关系"的预设是"我相信你肯定愿意帮助我，如果你拒绝，那是因为你暂时做不到"；相反，觉得自己不配被爱的人们，对关系的预设是"你不喜欢我，也不会帮助我"。不同的预设导致"关系"向不同的方向发展：亲密或疏离，融洽或磕绊。

生活中发生过大量这样的事实：每个人都希望对方能看到自己的困难并主动给予支持，这样才能获得被爱的感受；如果主动要求帮助，则像是乞求来的，一点都不值得欣喜。

但其实，“关系”一定是有来有往，有要求有妥协，有商量有拒绝的，重要的是我们敢不敢说出自己的需求，敢不敢相信别人能够善待我们，更重要的是当我们遭到拒绝的时候，我们能不能相信是他人的能力有限，而不是我们自己不够好。

如果想拥有一段良好的关系，就不要总暗示自己不配被爱。相反，要放弃受害者心态，以合理的需求为目标导向，积极寻求与他人的连接。别人需不需要我们，又会怎样看待我们，真的一点都不重要，关键是我们是否能够“需要别人”，以及我们怎样看待寻求连接和帮助的自己。

能否拥有舒服的关系，最实质的只有一点，即“是否爱自己”。

爱自己，才会勇敢地说出对别人的需要，而不是只有在被需要的时候才敢站出来。

爱自己，才会认为自己值得爱，对于拒绝也才不恼怒、不羞愧；即便被拒绝多次，爱自己的人也会认为是他自己能力不够或出于某种考虑而暂时不能答应，却不会因此怀疑彼此之间的关系。

我们在沟通中与另一半心心相印

交流不等于沟通

有一对夫妻在平时生活中是这样互动的：两人散步回家，妻子大着肚子做了一碗荞麦面，这厢还没做完，那厢已经吃光了。妻子问丈夫："是不是特别好吃？"丈夫回答道："吃饭要吃到时间点儿上，饿过村儿了或者不饿，饭都不好吃；正饿的时候再寻常的饭也像肉一样，特别好吃。"

这样的回答让人堵心，他完全不知道他妻子在表达什么。她说一，他就说二，然后搬出一堆理论来证明他说的"二"是多么的有道理。

这让我想到我的闺密，有一次她下班后马不停蹄地忙完家务，而她老公正窝在沙发里玩手机，她倒也不生气，只是说："我的腰快疼死了。"她老公马上来一句："我的腰也很疼，要不咱们去办两张健身卡吧？"她本来只是觉得累，她老公的话一出，她简直怒不可遏："你的意思是说，你腰也疼，难道我的腰疼就好了吗？"她老公则一脸茫然地看着她。

生活中像这样的互动数不胜数，你以为你是在跟对方交流，但你们却没有真正沟通过。

交流不等于沟通。交流是在事实层面谈论事件的对错、好坏，以及怎样才是正确的。而沟通则是在情感层面表达和接收情绪：我不在乎你说的正确与否，我只在乎你说的背后隐藏了什么，因为我知道那些没有被说出的才是真正的内容。

沟通让我们活得满足、充盈而真实

人是感性动物，没有情感的流通，人的生命质量将大打折扣。当一个人能准确捕捉和回应另一个人的情绪时，另一个人就有了安全感。因为自己被理解了，对方明白自己在说什么。这就相当于有了一个确定的东西，有它托着，我们不会掉到深不可测的地方去。

对于情绪层面的回应，有一个专有名词叫作"被看见"。被看见的人总会获得更多的自尊和自我价值感；而不被看见的人，也许不能称作“人”，只是一个“物体”而已，没有活着的感觉。

有个朋友跟我讲了她做的一个梦：她在一间闹鬼的露天仓库里游荡，她看见地上有一头浓密的长发追着她跑，她吓得像提线木偶一样攀上仓库的墙头，却发现墙头上也满是头发，她只好又下来，逼迫自己回过头去看那头长发到底是什么。然后她就看见了一个小女孩，大概四五岁的样子，白净的小脸、齐腰的长发，正哀求地看着她。她走过去，蹲下身来，抱住小女孩失声痛哭。

我并不是想分析这个梦，我想说的是，她在第二天中午把这个梦讲给了她所谓的“典型工科男”老公，那个男人一边吃着饭，一边一反常态地说了句：“你挺伤心的哈！”

朋友说：就凭那一句话，我就可以原谅他以前所有的心不在焉。

我也深受感动。也许那个梦表达的情绪太明显，以致再“木”的人也会有感觉。但朋友的老公没做任何评判或问为什么，只是反馈了她的真实情绪，这就足够了。他“看见”了她的伤心，她也知道，他可以允许她伤心。她是轻松、自由的，也是被他尊重和看重着的。

当我们真正和对方沟通的时候，一个“通”字就代表了两个人之间的畅通无阻，这是多么美好的体验！

为什么如此多的人不知道沟通为何物

既然人与人之间建立真正的联系如此美妙，那为什么太多人仍然在情感上拒人于千里之外呢？我们可以考虑以下几个因素。

1.他们从没有“被看见”过

当你粗暴地打断孩子的哭声，你只是嫌他烦，却不懂得他装不上玩具的挫败；当孩子追问你去哪里、做什么、何时回来，你吼他管得多，却不明白他“失去妈妈”的痛苦到底有多深。你只看见了事情的表面，却没有看到情绪本身。在类似的反应和回馈下长大的孩子，当然也没有能力“看到”他人的真实需求，只能在事实层面进行交流。这就是代际传承。

2.时代因素

在很长时间里，我们的社会不太讲究“个体化”，而强调服从。“服从”意指行为，且只关注行为的对错，不在乎感受。似乎感受是无用的东西，它只配待在阴暗的角落自生自灭。当整个社会都如此的时候，个人很难把自己的感受摊在天空下晒太阳。

3.受过创伤

记得很久以前看过一个真实的故事：一个上大学的女孩放寒假回家时，把自己省吃俭用的钱用来买了一束百合花送给妈妈。她本以为妈妈会很高兴，但妈妈却破口大骂，骂她是败家子儿，骂她不好好学习只知道干些没用的事，骂她不懂得父母的辛苦。什么时候想起来什么时候骂，居然骂了整整一个假期。从那以后，这个女孩在文章里写道：我再也不相信我的善意和表达美好的举动会被温柔对待，我再也没有兴趣去做了。

在你的记忆里，是不是也存在着一些像这样被误解之后失去原有信念的细枝末节呢？

4. 缺乏沟通意识

曾有一个男性读者问我，为什么女人那么矫情，总也哄不好。我说：你知道她需要什么吗？他说：她让我买一条什么牌子的裙子送给她，我说钱都在你手里，想要什么自己动手不行吗？我又不小气！她就不干了，一个星期没有理我，我都不知道做错了什么。

很多时候"不知道做错了什么"就是最大的错。如果你知道"错"在哪里，还可以改变，而不知道，就相当于它是不存在的。没有什么比"我用情感伸向你，你却用逻辑和公式回馈我"更让人伤心的了！

如果我们想让自己幸福或带给另一半幸福，就一定要习得在情绪层面沟通的能力

1.建立沟通意识

有人说，对话的信息是分层的，第一层是事实层面，即一件事情的过程是什么；第二层是认知层面，即对这件事的态度和看法；第三层是情绪层面，即我通过诉说这件事，我真正想要表达的需求是什么。

我们至少应该了解，当对方向我诉说的时候，其话里有三层表达，哪怕我还不清楚这三层表达的具体内容，但我可以做好倾听的准备，慢慢搞清楚他到底在说什么。

2.诚实地表达自己

我们得不到想要的，不是因为对方不给或给不了，只是因为对方不知道我们想要什么。也许我们在成长过程中由于某些原因，只能通过哭闹、耍脾气、冷战或其他拐弯抹角的方式才能得到想要的；也许我们什么都不想要，只是想被安慰，被哄一哄。你要知道，伴侣并不是当初的父母，你和父母之间的情感连接是断的，并不代表和伴侣之间的情感连接也一定是断的，至少你可以勇敢地把想法和感受说出来，去试一下嘛！

3. 找一个你在他面前可以“被看见”的人去沟通

心理咨询师最有“看见他人”的能力了，你可以找一个匹配的咨询师，在每周固定的时间去谈自己的感受。长此以往，当你的各种奔突在胸中的情绪被命名、被理解，你也就拥有了在情绪层面与他人沟通的能力。

4. 看到自己的脆弱和需要，学会爱自己

只有先让自己充满能量，才有能力去关注他人。不给自己设置“应该”这个按钮，做什么事情要从自己的需要出发，哪怕对于某些不得不做的事情，也要去体会它背后的动机，然后把“不得不做”变成“我选择做”。当我们发现自己内心深处的愿望，我们就有了足够的动力去实现它，这将会令我们充满能量感。

5. 锻炼自己的情绪捕捉能力和情绪回应能力

当我们听到一些不中听的话或负性情绪语言时，这是我们锻炼自身情绪捕捉能力和情绪回应能力的绝好机会。因为感受来源于我们自身的需要，只有当需要没有被满足的时候，人们才倾向于用责怪、埋怨、愤怒的语气去跟旁人互动。此时我们不妨全身心地倾听，放下先入为主的评判去体会对方的心情，然后及时将自己捕捉到的信息反馈给对方。

马歇尔·卢森堡博士在他的著作《非暴力沟通》中说道：“如果今天的世界是无情的，那是我们的生活方式造成它的无

情。我们的转变与世界的状态息息相关。而改变沟通方式是自我转变的重要开端。”

当我们明白，只有沟通才能让人与人之间真正地连接在一起，从而让爱意流淌，我们也就不难做到改变自己原本不适合的沟通方式了。自己变了，周围的世界也就发生了改变。它会在我们与他人的真情互动中渐趋丰盈，这才是幸福的源泉。

交流是指人与人之间“不走心”的谈话，沟通讲的是努力达到对对方的理解。

对说话的人来讲，重要的不是他说了什么，而是他为什么这样说，他真正想要表达的内容是什么。

如果想增强沟通和理解他人的能力，首先要看对自己的觉知和理解有多少。只有理解自己，才能理解他人。

第 六 章

人际交往可咸：享受正向感情关系的好滋味

重建安稳生活的秩序感

焦虑导致人们总爱问“我该怎么办”

大宝同班同学的家长，某次遇见我并得知我是心理工作者时，强烈要求跟我聊一聊。她说到自家孩子的各种小毛病，懒惰、执拗、粗心大意、没有上进心和主动性，以及自己对孩子前途的担心和焦虑。最后她问我：“你说我该怎么办呢？”

我说：“听起来你家孩子就是一个正常的青春期少女，孩子没问题，是你太焦虑了。”她说：“我是焦虑，可我这焦虑都是有原因的呀，要不是孩子这么难管，我才懒得焦虑！”我听这话的意思是：是外界和他人导致了她的焦虑。也就是说，是环境导致了“我”怎样，而不是“我”怎样去适应环境。

同样的情况，还有一个读者给我留言说：我看了你的书，感觉很受启发，但很多事情还是让我很痛苦，比如……你能告诉我，我该怎么办才能不痛苦吗?

我经常收到类似的留言，说实话我不能做到无动于衷，如果可能的话，我很想设计出来一款全能产品，只要按一下开关，人的麻烦和问题就能全部解决，可惜不能。

后来我研究总结了一下，那些询问“我到底该怎么办”的人们，都是怎么想的。

1.拒绝看到自己的问题所在

他们认为环境和他人是导致自己困难、担心和焦虑的原因，如果环境和他人一如自己的想象，或在自己可接受的程度、范围之内，焦虑也就不存在了。这个认知本来没有问题，可问题是，一切都在变化，自己却是不变的，没有谁有权利和能力要求变化的一方要适应不变的一方。另外，焦虑的人容易被控制，但是被控制的事物会反弹，反弹之后的结果会进一步加深焦虑，这是一个恶性循环。只有当人们意识到焦虑是出自本身——要求太高，幻想太多，过去一直生活在不稳定（情绪或生活）的环境中，过于恐惧等，从而调节自身以配合外界，情绪上的困苦才能得以缓解。

2.期待他人给自己方法

这就像一个病人来到医生面前，他把自己交给医生并谨遵医嘱，然后认定自己的病就可以好了。他从来没有想过他的生活方式也许有问题，他不愿反省或改变生活方式，只把获得健康的因素交由他人来定夺，并认为一定有什么明确的方法，只是他目前还不知道而已。

3. 只想一跃而起，跳出目前的困境

这让我想到“热锅上的蚂蚁”，因为受不了高温而团团乱转。你也许会说，谁在那样关系到生死存亡的情境中都会忍不住想马上跳出来。但有一些人，他们的耐受力非常弱，对于客观上并不那么困苦难熬的情境，其主观方面也是不能忍受的。

耐不耐受才是问题的重点

遥想我自己在青春期的时候，读过一本池莉的小说，书名忘了，上面有一句话是这样写的：“……这就是生活！”

当时年少，不懂这话的含义，只觉得它听起来有一种无奈却乐在其中的感觉。我心想，有什么可乐的呢？鸡毛蒜皮，一片狼藉，一堆事务压在身上，孩子哭大人急。如果这都能忍受，生活还有什么意义呢？

但人到中年再体会这话，总算谙透了它传递的深意——生活是庞杂的，只有你想不到，没有什么不会发生。不可预料的事情发生了怎么办呢？焦虑吗？抑郁吗？这只能说明我们从来没有准备好接受或根本抗拒不可预料的事情的到来，我们只想将生活控制在自己设想的范围之内。可是，那不是生活，小说都不敢这么写。

如果你认定，这才是生活：老公出轨、孩子叛逆、父母重病、自己破产……噢，不，这不是生活，这是生活事件。能够成为生活的是：你在这一个或一连串的厄运中，是怎么体会并发展自己的耐受性的！

看过一篇刷爆朋友圈的文章，内容是讲一个原本幸福、自由的妈妈，在孩子3岁多时发现孩子患有自闭症。她和家人拒不接受医生的诊断，她还曾一度想过要死。但是当她静下心来，无数次地问自己：难道人生就这样困在原地吗？这样想的时候，她觉得生命是存在秘密的，她的任务就是发现自己和孩子生命中的秘密。她试着去了解自闭症的孩子，发现自闭症儿童有个最明显的特征，就是思维刻板、固执、接受不了变化。于是她想，每当孩子尖叫、哭闹的时候，是不是由于周围的环境发生了一些常人没有注意到的变化。她由此作为切入点，更细腻地去体会孩子的感受，直到孩子的情感发展越来越让人惊喜。而她在陪伴孩子的几年中，因为少了自私和焦虑，多了对现状的理解和接受，所以能够沉浸于生活，也取得了不少个人成就：出了一本诗集，学了古筝，有了自己的瑜伽工作室，并计划出版一本“陪伴记录”。

这位妈妈没有选择去死，也没有抑郁、一蹶不振，也没有到处寻求“我该怎么办”，急切地想从不能忍受的情境中跳出来。相反，她接受了现实，并将自己投入到对孩子的理解中，去体验那个不容易被理解的情感世界。这就是生活。她通过对孩子的付出，间接地发现了自己是那么的值得钦佩。而这份对自己的信任和肯定，很难说不是造物主特意送给她的礼物。

耐受还有一个名字，叫等待

如果上面那个故事离我们很远，我还有一些更普通的有关耐受的故事要讲。

很早我便喜欢一部电影——《朱莉与朱莉娅》。它讲的是上一代的美食家朱莉娅写了一部美食书，下一代的美国女孩朱莉非常喜欢她，便照着她的美食书每日实践，并开了自己的博客，将实践中的想法和经历一一记录上去。朱莉打算记录整整一年，并希望有限的粉丝能鼓励她。

美食实践的过程并不都是美好的，她因为切不好鸡而崩溃大哭，也曾因睡过头而煮坏了一锅牛肉。她一度觉得想象很丰满，现实却很骨感。但她还是做满了一年，并因此拥有了大批粉丝，好几家出版社开始联系她，她成了一个小有名气的人。

中国台湾作家吴淡如在她自己的一篇散文中也曾写到过这

部电影，她写一个家庭主妇百无聊赖，不知道生活的意义是什么，便在无聊中开始每天研究一道菜，就像电影中的女主角做的那样，做好做赖都不管。慢慢地她发现生活好像起了变化：她和爱人的关系缓和了，自己也不再觉得心意难平……

于是在文章的结尾，吴淡如这样写道："如果你觉得生活无聊，就去坚持做一件事吧，最后你会发掘出不一样的意义来！"

嗯，是这样，当你觉得生活很艰难的时候——艰难有可能是现实层面的，也有可能是心理层面的——不妨找件事情坚持去做。但是，这个"坚持去做"又可以分成两个方面，一是坚持去做点儿什么，二是什么也不做。什么也不做，也是坚持去做了点儿什么当中的一种。

对于现实层面的艰难，重点是去做点儿什么；但对于心理层面的艰难，重点却是什么也不做。因为，等待很重要。

某天我去见我的分析师，我向她絮絮叨叨地说了我与小宝互动的近况：小宝老是哼鼻子，我担心她在某次重感冒以后遗留了鼻炎，就带她去省二院的耳鼻喉科检查了一下，结果没有任何问题。由此我觉得，这可能和某种情绪上的紧张有关系：刚升入小学，离开了原来宽松的幼儿园环境，不太适应。这么想着的时候，我知道我什么也不能做，我得克制自己一再提醒她"这样不好，这是个坏习惯"。我装做什么也没听见。一个多月以后，我神奇地发现，她不再哼鼻子了。

之后我对分析师说了我的结论：虽然这一个多月，我也过得很艰难，但我的耐受能力得到了空前的提高。

分析师对我说：亲爱的，你做到了等待，这是送给孩子最好的礼物！

等待和耐受有一些区别

我一直以为自己是不善等待的。我们的家族遗传的都是A型行为人，即对时间的流逝高估，做事快、行动迅速、缺乏耐心。让这样一种人学会等待，应该是件不容易的事。可是当我知道，对某些事情我除了等待，再没有更好的办法时，我也就学会了等待。奇怪的是，在真正等待的时候，是没有痛苦的。

有个朋友曾经跟我讲过一句话："耐受本身并不痛苦，耽于痛苦中不耐受，才痛苦。"我知道她对于困难的耐受力非常高，也听出她的话是想表述"只要等待就好了"。

普通人可能以为耐受和等待是一个意思，都是"将一切交给时间去抉择"。但有必要指明的是，前者重在表达"我在承受（困难）"，后者重在陈述"我在观望（困难发生变化）"。

具体说来，耐受指的是我与困难不分彼此，只是我的承受力比较大，困难才难不倒我；等待指的是困难不是我，我也不是困难，我只要做好该做的，环境或他人发生什么变化，那是它或他自己的事情。

窃以为，等待要更胜一筹。一来，将困难与自己分隔开来，更有助于搞清楚“我们可以为自己做些什么”。二来，人不是全能的，人只能优先做好可掌握的一切。

在电影《万物理论》中，霍金说：“人类一直渴望了解世界潜在的自然法则，什么都是有边界的，但人类的努力应该是没有边界的。我们千差万别，不管生活看上去有多糟糕，总有你能够做的事情，并且能够成功。有生命的地方就有希望。”

所以对待生活，我们一方面要穷尽自己的努力，做好该做的，另一方面要对未来怀有希望，这就是等待。等待是努力之后的淡然。淡然的我们会将一切交给时间，无论它给我们带来什么结局，我们都会深信，那已是最好的！

当我们觉得生活很糟糕的时候，很重要的一点是将自己与情绪分开。懂得糟糕的情绪或心态并不是我们本身，我们需要将它单独拎出来，像看一个外物比如一棵树或一座大楼那样去审视自己为什么容易被它触动，从而发现情绪背后的那个真实的自己。

在生活的洪流里稳住自己的格局

一天看到一则新闻，一代钢琴大师巫漪丽在新加坡维多利亚音乐厅出席音乐会时，因体力不支而晕倒，随后在送往医院的途中与世长辞，享年89岁。

巫漪丽1931年出生于上海，美籍华人，旅居新加坡，是中国第一代钢琴家。她6岁开始学琴，9岁师从著名音乐家梅百器先生，18岁便成为上海夺目的钢琴演奏家。2017年6月，她荣获世界杰出华人艺术家大奖。

有媒体这样评论她："世间又少了一位有意思的人。"

大格局是支撑生活的有力框架

我想，“有意思”大概是说，大师巫漪丽一生只热爱一件事：钢琴和音乐。除此以外，哪怕她生在一个生活困苦、思想动荡的年代，哪怕她的个人生活因社会变革而颠沛流离，她依然从自己的热爱中获得了巨大的情感支持。她的心是“大”的，她只爱自己的热爱，其他的事情都是小事。

她是如何热爱音乐的呢？她认为，音乐的重点是人，琴声便是表达情感、与世界交流的语言，因此指法和技巧虽然重要但不是重点；她会给她的学生讲音乐家和曲子背后的故事，以增加学生对音乐的理解和兴趣；她还发明出一套形象的“进化论”来引导学生，比如学生刚开始弹琴的时候，她说弹得像“大象”，很笨重，接下来有进步了，她说像“黄狗”，再接着练，会像公鸡、小鸟，越来越轻盈；她引导年幼的学生沉浸在音乐中，而不是将乐曲“数字化”为多少拍，一天练多少遍。

这就是一个音乐家对音乐的热爱。没有这份热爱，她无法做到将绝大部分精力与音乐连接起来，看似她在坚持一件事情，实际上她投入的是情感。而情感是有滋养力的，有它做底蕴，一切事物都不会枯燥或令人耗竭。

如果你有想做并擅长的事，这是大格局

很多时候，名人的故事或存在会给我们提供一个生活的范本：我们也可以像他们一样拥有一个“大”的格局。当然这不是说我们要多么优秀或成功，而是说这个大格局会让我们获得稳定感——任凭生活不易，我们依然坚守本心。那岿然不动的感觉难保不是我们每个人最希望拥有的品质。

我想讲两个朋友的故事。第一个朋友，她在中学时遇见了一个温柔又博学的语文老师，这让她开始痴迷古代汉语，后来高考她架不住妈妈的阻挠，填报了一个完全不相关的专业，但是大学四年以及毕业后工作的十年，都没有浇灭她对古代汉语的热爱。因此33岁那年，她决定考北师大的研究生。当时她儿子还小，公婆又由于他们自身的原因而对她的小家庭多有入侵，在吵过几场架以后，她很干脆地选择到北京租房居住，同时接一些家教之类的兼职，很艰难地开始了她的考研之旅。三年以后，她如愿拿到了录取通知书。现在她很开心地从事着喜欢的工作，并以她喜欢的方式生活着。

对她来说，她觉得自己最大的幸运就是有想做的和擅长的事，为此她可以从繁乱的婆媳关系中迅速而干脆地脱身，还自己一方清净安稳的天空。

第二个朋友是我的高中同学，她在大学毕业后进入老家一个有编制的事业单位，结婚、生子、升职，样样都比我们早。按说她是很幸福的，但幸福来得太早，会让人不知不觉间卸掉自己的力气。她扔掉了她的兴趣和才能，以前她喜欢画漫画，她会在我们各科课本右上角的书页上画不同动作的小人儿，随手一翻，那些小人儿就动起来了。现在她的注意力大多放在老公有没有出轨，公婆妯娌有没有亏待她，以及女儿是不是才华出众上。生活稍微有一点儿风吹草动，都会让她焦虑、失眠。尤其近几年，据说她每次在大街上遇到同学都会拉着他们说个没完，说自己受到的不公，以及她的不甘心。

我们都喜欢说生活很艰难，有这样那样的事需要操心，甚至操了心，还有许多事情不尽如人意。似乎我们使尽了力气，生活却把我们踹得很远。我想，这个原因并不在于生活不易，而在于我们没有“大”的东西可以填满内心，我们内心里只有那些小的、琐碎的、毫无重点的东西，它们使我们的精力分散、失衡，这才有了诸多解决不完的烦恼。

一如我的某个读者跟我交流的那样，她经常觉得胃不舒服，想吐，每天纠结于要不要去医院做个胃镜检查。但她两年前做过胃镜，不过是浅表性胃炎。但现实的胃的不舒服感的确让她感到很烦躁，她就每天想着这个事情，越想越觉得生活无望。

其实胃和情绪紧密相连，她也曾自我分析说，她在心情好的时候吃什么都是香的，吃完胃也很舒服，但这种时刻很少见。有意思的是，当她因胃的问题去看中医时，大夫对她说她应该找些事情去做，这比吃中药管用得多。

愿为所爱之人付出精力，这也是大格局

我还有另一个朋友，她曾经出轨半年。有人说，无论男女，出轨都是有原因的。的确如此。

这个朋友工作努力，很得领导赏识，在家里也很能干。可是她爱人偏偏属于“油瓶子倒了都不会扶一把”的懒人。于是她在一场公司年会上遇到了一个特别会照顾女性，又心思极细的客户，两人的情感一发不可收拾。

当最初的甜蜜沉淀下去，她忽然发现对方也有很多问题，比如他需要她更多的理解与支持。这个时候她的内心就不平衡了，因为扪心自问，她也并没有付出过足够的理解与支持给她的爱人。爱人即便很懒惰，那也是因为她没有明确地说出过她的请求，她不敢将无力、自恋却真实的自己暴露在爱人面前。同样是付出，同样是展露真实的自己，为什么不向她两个孩子的父亲去展露呢？曾经他们也甜言蜜语，发誓共度一生啊！

于是她和爱人长谈了一次，她向爱人倾诉自己这么多年以来的累和委屈，请爱人多多体谅她。结果她爱人说：“今后你别

再那么操心了，你不操心我自然就去操心了！”

至此她才明白“在关系中受的伤要在关系中修复”这句话的真正含义，但这个关系一定要是真正的、合适的关系。她也明白了如果婚姻出现问题，在出轨和离婚之外，绝对有第三条出路，这条路就是：把婚姻中的对方当成真正在乎的人，为了孩子的成长，也为了自己的成熟，不遗余力地为对方付出精力。这样在关系中获得的自我反思，以及为解决困难而做出的努力，也会是生活的一大亮色。

也许你并不出色，但你有在乎的人，并愿意为他们付出；也许你做着普通的事，但你可以从中找到乐趣，并且深谙这乐趣对于你的意义。

面对生活，我们不妨“放大”格局，即我们有自己的热爱，并为之持续地付诸行动。“大”不代表人、事、物之大，而在于我们是否将自己倾情投入。有了这个大格局，我们的精力和情绪就不会被无谓的琐事干扰或带偏，它是支撑生活的有力的框架，而这个有力的框架，恰恰是我们的内在。

如何做一个大格局的人？

1. 问自己的内心：我喜欢（做）什么，或我认为什么是有意义的。

2. 也许喜欢或认为有意义的事物并不明确，那也没关系，把所有有可能的内容都罗列一遍，慢慢地让它清晰化。与此不相关或相反的事物则坚定地放弃。

3. 生命没有确定的意义，在追寻的过程中，追寻本身就是大格局的表现。

正能量的朋友是一盏明灯

朋友在微信上向我吐槽，说她最近半年和一个同事走得比较近，但那个同事常让她感觉很不舒服。

怎么不舒服呢？朋友买了一套韩国化妆品，属于中档偏高一点的价位，她的同事便开始大呼小叫，说朋友的工资不算高薪，竟然舍得用这么贵的东西，还说朋友的老公妻管严，老婆这么能花钱都不敢吱一声。

朋友很生气，却又不愿跟她辩驳，一来自己的观点别人不一定接受，二来低头不见抬头见的，何必搞得剑拔弩张！

这样的小事时有发生，渐渐地那位同事也越来越过分。朋友趁商场打折的时候买了一件皮草小外套，准备天冷的时候穿。那位同事看见了，做出一副痛苦加惋惜的表情说道：你知道我想到什么吗？我想到那些可怜的小动物，它们就是人类存在的牺牲品。我一摸到那些动物皮毛就觉得毛骨悚然，你还敢穿！

朋友愕然，心情很复杂，她既觉得自己做错了，又不知道自己错在哪儿了，因此她将自己的委屈和愤怒一股脑儿倒给了我。我回复她说：别老觉得自己做错了，一没偷二没抢，花自己的钱买自己喜欢又力所能及的东西，招谁惹谁了！

后来我又补了一句：和负能量的人保持距离，如果你不想那么难受的话！那边给我发了一个“拥抱”加“偷笑”的表情，看来她感觉得到了支持，心情放松了不少。

负能量叫人提不起劲儿

也许每个人身边都有负能量的人存在，跟他们相处你会觉得疲倦、无力。负能量的人可以分为很多种，除了上面说的“贬低他人”型，还有“自我贬低”型，“倒苦水”型，“无意义谈话”型，“伪正能量”型等。

“自我贬低”型是说，总认为自己哪儿都不好，看起来很谦虚，但那种谦虚常使人压抑。哪怕你一再表明，事情没有他们想象的那么糟，他们也没有他们自己认为的那么不堪，但他们还是在跟你较劲似的，认为你说的不对，他们想象的才是对的。就像一个人倒地不起，你使劲拉着他，他却仍躺在那里。最后你筋疲力尽，只想快快逃开。

“倒苦水”型是指把自己对生活的不满统统甩给别人，比如爱人不理解，孩子不听话，领导看我好欺负总是让我加班等。他们能说的尽可能地说，全然不管别人耐不耐烦。其实这背后的逻辑不过是“我没错，全都是别人的错”或者是“全世界都欠我的”，这样的逻辑常常会给身边的人带来压力，毕竟没有谁愿意成为那个“错”的和“亏欠别人”的人。

“无意义谈话”型说的是不会思考，只谈世俗之见；只想交换观点，却不问这个观点是怎么来的；看起来是在听人讲话，心里想的却永远是自己。看起来这一类型的人不像是负能量之人，但他们的内心缺乏生命力，总是人云亦云或自我中心，与他们相处会使人消沉或产生倦意。就像一个“装在套子里的人”，与他相处不能谈论情感，只能谈论“套子”，那种僵死的感受简直太折磨人了！

此外还有一种人看起来正能量满满，其实却是“伪正能量”。比如你说“我现在情绪不好，刚被领导骂了一通”，对方会说“这点事就想不开了？坚强一点儿”。这时你会有什么感受？似乎事情不去想就不存在了，你好我好大家好一派祥和，但只有你自己知道，你还有很重要的问题没解决。“伪正能量”的人常常不接受他人或自己的脆弱和无力，并认为那是低下的，其实是他们内在的恐惧在作祟。

真正的正能量是理解和看到

真正的正能量是什么表现呢？

很多年以前我去参加一个培训，其间和另一个学员共同吃午饭。我们免不了会说一些自己的生活状况以及对生活的看法。在听说我平时除了带两个孩子，照顾家庭，还要写公众号和给杂志写稿子，另外还要做个案、担任督导、不定时参加各种培训时，和我一起吃午饭的学员很是欣赏地对我说：你太能干了，你能完成这么多事！

他的话像一只橡皮锤，我的心被那么轻轻一敲，居然有一种很轻快、很明晰的感觉。后来我仔细体会那种感觉是怎么来的，我发现长久以来我真的做了很多事，但我并没有正确评价它们，我经常觉得自己很忙，但琐碎的一地鸡毛时不时地拖我的后腿，这让我很愤怒、很无力。

然而和我一起吃午饭的学员，他看到了我的精力所在，这也让我得以看到我所做的所有事情的整体，即：我有能力搞定我的生活和工作！

从那以后，我不再觉得一地鸡毛的琐事是拖后腿的事情，相反，那是生活的真正面目，我爱它，它就会爱我。有爱的存在，动力就会取之不尽，用之不竭。

你瞧，真正的正能量是理解，是看到，是允许，是肯定。

我非常喜欢荣格心理学派做治疗的一个原则，即：看到来访者的资源。什么是资源呢？是指已经拥有的东西，包括物质方面和精神方面。哪怕环境再恶劣，但那些资源支撑自己到现在。

如果把这个原则放在生活中，则是看到身边人的长处和优势。比如上文提到的朋友，有一个周末她带着孩子在我家玩了一个下午，后来她说：我该走了，得带孩子去上英语辅导班。然后她叹了一口气，又说：烦死了，为什么我要去做这件事？我老公只需要上班就行了？

我笑了，对她说：不要抱怨，你应该这么想，有这么可爱的孩子陪着你，你老公却很少有这待遇！

她有几分钟没说话。然后她抬头，眼睛特别亮，她说：很奇怪哟，如果换个角度去想的话，我是很幸福的一个人！有个正能量的朋友真好。

难道她一直以为自己不幸福吗？她的工作好，孩子成绩好，老公在大事上都能给予支持，她已经太幸福了！只不过这些她都已经习惯了，所以感觉不到。所谓的正能量，不过是让她看到自己忽视的那部分。

去交让自己感觉好的朋友

我相信每个人的身边都不乏正能量的人存在，他们很少抱怨，遇到问题能够积极解决，不会把自己的不满和担心扔到外界去让他人承担；他们头脑清晰、逻辑清楚，知道一个问题不是只有一个角度和看法，懂得怎样做能让自己更舒服。

情绪是个低级的东西，低级并不是说它不好，而是说它早在人的进化之初就已存在，因此它很容易通过无意识进行“传染”，无论是正情绪还是负情绪。

现在大多数人的生活节奏都很快，背负的痛苦和压力也很大，产生的负性情绪也比较多。生活原本就很艰难了。如果不懂得分辨，总是和负能量的人待在一起，那就只能互相传递消极情绪，令生活每况愈下。

而正能量的人是一盏明灯，他的灵魂是发光的。和这样的人相互交流、取暖，我们自己也就慢慢拥有了诸如不钻牛角尖、不给自己泄气、不吸引糟糕的人与事这样的特点。如此，我们的生活便会“好风凭借力，送我上青云”了。

如何寻找正能量的朋友？

1.问自己“和对方在一起，我有没有感觉自己很不好，很压抑，很愤怒”？如果是，请离开他。

2.对方是不是提供了不一样的视角看问题，而那个视角是有利于自我发展的。

3.正能量的朋友不代表永远让人快乐，有些问题需要自己勇敢面对。

朋友是我们主动选择的亲人

什么是朋友呢？朋友是我理解你的难处，我愿意尽我所能去帮助你且不求回报。什么不是朋友呢？满足以下条件就是了：我压根儿就不想了解你，你的事情跟我没关系，但我可以用方便的刻板印象、狭隘观念等去揣测你，或为了利益不介意去伤害你。

可是，你不能仅从一个人的皮囊和语言来确定他是不是朋友，而是需要通过时间和在你们之间发生的事情来确定。你的经历是一个巨大的筛子，是不是朋友，筛一下就知道了。

朋友的前提是理解

听朋友讲过这样一件事：她单位有个新来的小伙子，原来是开美发店的，就是那种隐藏在商场内的店面，只服务于高端人士，开得还挺成功。跟他合伙的是他的一个发小儿，两人合穿一条裤子长大。这个小伙子非常信任发小儿，他永远都忘不了自己小时候是留守儿童，没少在发小儿家蹭吃蹭喝。两人的美发店经营起来以后，他基本不管店里的账务，只是忙于技术上的事情。

这个小伙子后来谈了女朋友，准备结婚买房子。当他打算从店面账户支出一部分钱付首付时，发现账上几乎没有钱。这时发小儿才承认，那些钱都被他拿去还赌博的债了。小伙子特别生气，说："那不是你一个人的钱！"可发小儿却说："反正你暂时也用不着，我以后会还你的。"

小伙子不知道他的发小儿什么时候有了赌博的习惯，他觉得发小儿一天不戒掉赌博，还钱就是奢望，他只好离开发小儿，选择别的工作。他对我的朋友说了这样一句话：如果他理解我对他有多信任，他就不会辜负这种信任！

很多时候，人们需要经历一些挫折和困苦，才能在岁月的年轮中沉淀出谁是真正的朋友，虽然这代价有时候太大了。

朋友间的连接是愿意彼此付出

很多朋友之间经常说这样一句话：改天一起吃个饭！但也许，改天就是“永远没有这一天”。可能你觉得这个人不重要，可能你没有时间，也可能你觉得外出碰面有太多条件限制，比如路程远、堵车等，总之你觉得很麻烦，“一起吃个饭”不过是句礼貌用语罢了。

但是，如果你把对方放在心上，再没有时间也会挤出时间，再累也觉得愉快，再麻烦也乐在其中。在此，你为对方付出了时间、精力，甚至兴趣。这是一种“意愿”，没有意愿，“朋友”就只是平行线，永远没有相交的时候。

有个朋友曾经讲过这样一个故事：她有个同事A出了车祸，在医院里躺了3个月，整天处于抑郁当中。朋友平时非常忙，但还是和另外一个共同的同事，每天去医院看望A。那不是一般的看望，她们每天轮流带晚饭，为A洗澡，并很有技巧地聊天，为她排解心理上的痛苦。有一次A说口渴想喝水，但是新打来的水太烫，朋友就拿两个杯子来回倒，好让水凉得快一些。这本是个平常的动作，但是A哭了，她说：我只见过妈妈那么对孩子，从你来回倒水的过程中，我觉得自己是个特别重要的人，谢谢你让我感觉到幸福！

当我听到这个故事的时候，也不禁流了泪，我感受到两个人之间深深的连接，即便有血缘关系的人也不一定能做到这个程度，但是真正的朋友却可以。

朋友的基本认知是分享而非索取

我的一个表姐，在微信里向我吐槽，说高中时期的初恋跟她重新联系，她本来很开心，毕竟两人共同走过一段美好的时光，她感念那段时间，因此感念那个人。初恋问她：我们还是朋友吧？她回说：当然。

她遵守朋友之道，偶尔跟他分享自己的快乐，或在心情不好时剖析自己的想法给他听。但是初恋的做法常常令她无所适从，甚至感到愤怒，比如他会直接发来一篇他家孩子的作文，说："知道你书读得多，给我们修改一下呗？"或者连着三天向她倒苦水，说自己的工作如何不顺，和领导相处如何艰难。有一次他竟要求表姐为自己即将高考的儿子选一个专业，表姐忍无可忍，告诉他说：这事我办不了，责任太大。初恋不满，问道：难道现在的人都这么现实吗？表姐气也不是，安慰也不是，索性再也不说话了。事后表姐对我说：都说恋人分手后不能再当朋友，看来是真的！

我倒觉得恋人分手后并非绝对不能当朋友，需要看对方的心理特点以及他对朋友的理解在什么层次。一般说来，自我中心、防御太重、竞争性太强的人都不会有真正的朋友。

自我中心的人只会无休止地谈论自己和自己感兴趣的事情，他不会想到别人愿不愿意听，比如表姐的初恋。更有甚者会毫不留情地指出你的缺点和害怕的东西，并表示“这是为你好”或“只是开个玩笑嘛”。说白了，这是不够尊重，是个人边界感出了问题，与边界感不清的人交朋友，常常会令你发狂。

防御太重的人只是谈论事情的表面，从来不显露自己的情绪和情感。跟这样的人相处你会觉得无聊至极，自然也没有深交的兴趣。但他不是故意的，他只是怕受到伤害，他的经历导致了这样的信念：只要敞开自己，就一定会被伤害。

竞争性太强也会让人觉得索然无味，比如你讲了一件事，表示“我男朋友对我有多关心”，对方也许会讲另一件事，表示“你那不算关心，我男朋友对我更好，即便这样我还是会把他踹了”；如果你说“我家孩子成绩好，省心”，对方一定会表示“听话比成绩好更值得表扬”。你会觉得这样的聊天只是浪费时间，没有丝毫营养可言。

朋友很重要，有时朋友比亲人更可靠。但想要获得朋友，除了自己要有一定的同理心，情感通畅，并愿意为对方付出之外，还有一个最重要的步骤，就是你要和他共同经历些什么。在经历的过程中你才会发现对方的人格特点与你是互补的还是相斥的，是你所欣赏的还是你所厌恶的。

有句话说“付出也要看对方是谁”，确实是这样，只有感受到对方是值得付出的人，我们才能告诉自己：这个朋友我要好好珍惜。同时，我们也需要放弃那些无谓地消耗自己的朋友，我们没有义务为他人的匮乏买单。这不是自私，是自保。

人在“关系”中除了父母爱人，最重要的就是朋友了。不是所有的人都能够成为朋友。能够成为朋友的，需要以下几个条件：

1. 处于相同的社会阶层，或在某些领域有交叉，这有利于更好地理解对方。

2. 对对方的一方面或几方面感兴趣，比如他的思想，他的生活方式，与他从小玩到大关系难以分割，等等。

3. 朋友是需要主动联系的，但也可以做到没事情就不联系。

当今社会，婚姻只是一种选择而非必需

我去参加心理学的培训，发现几个老师和一些学员都处于未婚状态，她们有的30出头，有的将近40岁。说实话，当那些培训项目中规定的书目和布置的大量作业我没有时间和精力完成的时候，我非常羡慕那些单身人士。在我看来，她们不需要操心孩子得病了怎么办，或孩子的作业完成得怎么样，也不必刨出精力来安顿家庭的大事小情。她们只要安顿好自己就可以了——想在兴趣爱好上投入多少就投入多少，没有他人来掣肘。

当我们在学员群里讨论“婚姻是一种选择”的时候，有学员B跟我们分享了一个她和闺密的故事：B也是单身，32岁，她有一个同龄闺密。本来闺密已经谈婚论嫁了，但看B不急不躁，加之闺密最近对相恋5年的男友有些不满，便提出“再等等

看”。结果闺密的男友急火攻心，义正词严道：“以后你就不要再跟你那闺密在一起了，她都把你带坏了。”

闺密问：“为什么是带坏了？”男友说：“她在耽误你，你看不出来吗？现在不赶紧把婚结了，以后你就找不到好男人了！”

这个故事令我们唏嘘了好久。

恰巧又有读者向我吐槽说，她不属于聪明人，拼着小命完成硕士学历，如今工作两年，正考虑跳槽以拥有更高的职位和收入，但是亲妈连同好几个阿姨轮番打电话轰炸：别那么贪心了，你同学快要当妈了，你还是赶紧结个婚才是正经事！

她特别愤怒，更多的却是迷茫：小时候要向别人家的某某看齐，现在感觉自我价值已经超过别人家的某某了，结果非但没有得到肯定，还被换了个方式打压。这到底是为什么？

这让我觉得，社会对于女性的期待总是很刻板，哪怕你在北上广生活精彩、收入不菲，只要没有结婚，就算不上幸福。就连综艺节目《我家那闺女》，都有许多网友感慨这是催婚节目，据不完全统计，在前3期中4位女艺人总共被催婚23次。

似乎只有婚姻才能证明并发挥女性的价值，没有婚姻，哪怕一个女人在其他方面再成功，也仍会被同情。同情者不会考虑自己有没有同情的资格，而被同情者要么愤怒，要么隐隐有一种羞愧感。却很少有人想过，为什么婚姻才能表明女人的价值，这种思想观念是怎么来的。

我们的文化对女人的社会评价体系

如果一个女人不结婚，人们不会从她的主观意愿出发理解“她不愿意结婚”，而是会暗地里揣测她是不是有什么毛病，比如身体有什么疾病，心理有什么创伤等，即她被人接受、有婚可结，她就是“好的”，否则就是“不好的”。这是“物”的属性——“物”有用才是价值，并不是“物”只要存在就是价值。

记得一个未婚女性在被催婚无数次后，无奈地对采访她的记者说：为什么所有人都关心我活得和别人是否一样，而从不关心我活得是否幸福？我，凭什么要活在别人的标准里？

女人不被保护就代表着不幸福吗

在灵长类动物中，只有人类会对粮食和资源进行最大程度的分享，婚姻也随之产生。女性依靠男性获得生活资料，相应地为家庭提供照顾义务。由于条件的限制，女性不直接获得生活资料，在权力结构上就会失衡，从而处于被要求、被保护的位置。在历史发展的长河中，人们逐渐形成了这样的信念：女人不被保护就是不安全的，不安全哪有幸福可言！

然而，现代社会经济飞速发展，尤其是今天，哪怕一个两三岁的小孩子，都会很熟练地打开你的手机软件，让你给他买玩具。

经济发展不可避免地带来认知的分化。

不管你承不承认，人由于出身、受教育程度、朋友圈的质量以及对于思考的勤奋度不同，认知层次总会千差万别，这样个人在行动选择方面就会有所不同，如此累积下来，生活状况就会大相径庭。

我始终认为，那些可以坚定自己的价值观，愿意尝试了解自己想要什么、适合什么的女性，都是认知层次比较高的。她们面对社会对于女性的期待不盲从、不捆绑，努力活出自己的一片天地。

经济决定认知，认知决定对婚姻的态度

想起美剧《西部世界》，剧中大批仿真机器人被制造出来，以供人类消遣。其中女主德洛瑞丝说："我的一生都被他人操控，有人一直在对我说'你必须'，而现在我觉得我发现了自己的声音，它说的是'我可以'。"

"必须"和"可以"之间的区别是是否能够选择。有趣的是，制造德洛瑞丝的人在创造她的思维时指出，意识是"由外而内行进的迷宫"，只有选择（进哪个入口），才能到达中心

（自我）。

选择的另一面是承担，在承担的过程中，自我价值感能够得以确立或更好地确立。

我的闺密有个女同事，家里父母催婚催了好几年。起初她也烦，觉得结婚没那么容易，一来她比较宅，二来她的长相中等，比较自卑。但是她很聪明，她也发现自己在很多时候想法跟别人很不一样，所以她就把更多的精力放在钻研业务上，三年来升了两级，收入翻了两番。她在工作中受到的尊重抵消了长相带来的自卑，但是她仍然不喜欢走出去。不过她不出去不是因为不敢出去，而是因为她感觉在家里宅着更舒服。同时她也想明白一个道理：父母催婚是因为他们没有经历过总是不结婚的生活，这是他们本身的恐惧，跟她没有关系；亲戚催婚就当个笑话听听也就算了；至于到底结不结婚，以后随缘吧。

她看到了自己的优势，选择走一条可以带来尊重的路。期间她得到的笃定感就是她的自我价值。价值感并不是他人和社会赋予的，而是人自己体验到的。

我还有个大学同学，刚毕业就结婚了，她有轻微的抑郁倾向，觉得一个人无法生活。这虽然看起来是一种被动选择，但她利用工作之余看了大量的书，什么书都看，然后她发觉很多领域都是相通的，这有助于思维的开阔。她觉得以当时的状态养不了孩子，就坚定立场，无论公婆爹妈怎么催生，她都不为所动，十年后才生了第一个孩子；在夫妻关系上她也常常表示感恩，搞得她爱人觉得跟她结婚简直就是捡到了宝。

她并不认为结了婚生了孩子就算完成任务了，反而觉得自我的发展有很多种可能，相比较只懂得享受婚姻带来的身份和地位的女性来说，她明白婚姻不过是个壳子，不放弃自我才能活出真正的价值感。

博尔赫斯说过："任何命运，无论如何漫长复杂，实际上只反映于一个瞬间：人们大彻大悟自己究竟是谁的瞬间。"

你知道自己是谁，可以做什么不可以做什么，你也知道自己的目标并愿意为此奉上毕生的精力，这就是价值感。当一个女人拥有了由内而外"长"出的价值感，总会有人不自觉地去爱她，而这种爱并不是捆绑的婚姻能够实现的。

婚姻是选择，单身的人如何获得独居的乐趣？

1. 在经济不独立的时候，除了挣钱什么也不要想。

2. 有自己愿意为之奉献一生的爱好。

3. 学习爱护自己，包括身体和情绪。爱自己是一个非常好的习惯。

4. 偶有状态不佳时，不必将此归结为没人陪，要知道孤独是任何人都会拥有的状态。

懂得幸福婚姻的良性运转比例

幸福就是在平淡中快乐

闺密过生日，7岁的小女儿要为她买花。两人去了小区附近的花店，女儿用自己的零花钱买了几枝玫瑰和一束小雏菊。回家后两人兴致勃勃地剪枝、插瓶，女儿的陪伴和体贴令闺密心里美美的。

晚饭时闺密老公打电话说："今天我有事，晚上不能回去了，明天再给你补过生日。"闺密嘴上说好的，心里却想：好奇怪呀，我根本就没盼着你给我过生日。

到了第二天下午，闺密早早做好了晚饭，每个人喜欢吃的菜都好好地摆在餐桌上。闺密老公比平时晚回来半小时，回家后便说："我下午本打算定一家西餐厅的，没想到一直到下班，我办公室总是来人。”闺密笑笑，说：“收到，谢谢。”老公摸不着头脑。闺密解释说：“你这话就算送我的礼物了，话比礼重要。”

她老公本来是个腼腆的人，听她这么说，不好意思地挠挠头。事后他才告诉闺密，明知道她生日还没有为她操办，他真害怕她不高兴、赌气，因为以前她就是个难缠的主儿，谁要是忽视了她，她一定会闹个没完。

可是闺密跟我说，以前太年轻，觉得能嫁给所爱的又爱自己的人，这本身就是个很隆重的事，只有轰轰烈烈的承诺、表白、仪式，才配得上那份不平凡。但不知从什么时候起，这个想法开始改变了，生活趋于平淡，她觉得那些小安稳、小确幸、小欢喜更能让美好的心情持续发生作用。它们像糖，白开水喝久了，稍微加入一点，就有了不一样的滋味。

这简直是莫大的智慧。想起白岩松说过这样一句话：人生的过程5%是快乐，5%是痛苦，90%是平淡。痛苦的人善于把90%的平淡变成痛苦，快乐的人善于把90%的平淡变成快乐。

真是一语道破人如何才能获得幸福的“天机”。

不给生活添堵的智慧

常言道：“人生不如意之事十之八九。”即便那些小小的幸福可以让美好的心情更持久，可那些十之八九的不如意呢？会不会盖过或阻断那十之一二的快乐？那就要看你善于把90%的平淡变成痛苦还是快乐了。也许你可以从下面这一反一正的例子中看出端倪。

小晴嫁了一位博士老公，起初几年过得倒还顺风顺水，后来随着老公的科研事业发展壮大，他们家的收入也水涨船高，但烦恼也随之来了。

小晴的老公有一个姐姐和一个妹妹，都生活在农村，今天姐姐家的孩子要接受更好的教育，明天妹妹家又要盖房，后天公婆的身体又出问题了，这些花费都是小晴的老公在承担。小晴就特别不满意，吵得家里鸡犬不宁。后来她想了一个很极端的办法，在42岁高龄又生了一个孩子，以为有这个孩子“补缺”，她老公就不再把家里的钱拿出去给姐妹和父母了。

谁知老公的想法是孩子还小，稍微给孩子存点钱够用就好了，父母家的事他还是该怎么管就怎么管。另外由于小晴的年纪稍大，身体素质跟不上，带孩子就有些吃力。她心里经常充满着怨气，觉得是老公导致了她现在困难的生活。一旦有任何不快，她都会将原因归结到“老公不顾家”这件事情上来，继而大发脾气，甚至歇斯底里，弄得两个孩子也战战兢兢。

其实外人都能够看明白，小晴的老公拿去照顾父母和姐妹的那部分钱只占他收入的很小的一部分，并不影响自己家庭的正常运转。但小晴在意的是，老公的底线不是自己的底线，换句话说，假如她可以改变老公的底线，她就满意了。但现实证明这是不可能的，因此小晴就无休止地陷入了“改变他人而不能”的挫败和愤怒中，致使自己的生活变成了燃爆现场。

另外一个事例来自兰兰，她是我表妹的一位朋友，偶尔向我咨询一些婚姻中的问题。前段时间她无意中在她老公的手机上看见一条陌生女人发的微信，问“你什么时候可以过来”，她便认为他出轨了。

我问她：“你有证据吗？”她说没有，自己就是看到了那条微信，质问他，他说那就是一个歌厅的客户经理，隔段时间就会发消息催促她的客户们过去消费办卡，这是很正常的。

我又问：“你信吗？”她久久不说话。两个小时后她给我发了许多条语音，言语间全是愤怒。但她的愤怒不是针对老公，而是针对自己的妈妈。原来兰兰在看到那条微信之后非常震惊，慌乱之下首先想到的是给妈妈打电话。妈妈很生气地责问她：“他说什么你就信什么吗？男人哪有承认自己出轨的？这个事你得时刻不停地逼问他，他才会对你讲真话。”

兰兰本来觉得自己没有证据，老公的说法也很诚恳，之前他也没有发生过这样的恶劣行径。她想要不事情就这么算了，可是妈妈的话让她觉得自己很糟糕。

我又问她：“你到底想干什么呢？”

兰兰是个聪慧的女人，从那以后她再没给我发过微信。直到一天我去逛街偶然遇见她，问起令她糟心的那件事，她说："都过去了。"她还说，她本身不想离婚，她老公也不想离婚，既然这样，追问他到底有没有出轨有什么意义呢？有证据就摆证据，没有证据就只能选择相信他。这相信是真的信，而不是一边说相信一边疑神疑鬼。这是不给自己添堵，也不给生活添苦的唯一可行的办法，毕竟婚姻中不是只有出轨这一件事值得探究。

兰兰的聪慧在于她在面对出轨这种婚姻中比较大的事情时，并没有把它当成过不去的坎儿，她选择相信的做法是为她维护亲密关系的目标服务的，所以她的生活才没有因吵闹和愤怒而变得痛苦。

心态平和的生活有滋味

婚姻不总是充满了密集的快乐、激情和铺天盖地的幸福，也不总是处在痛苦、纠缠和悲伤中。正常的婚姻是5%的快乐，5%的痛苦和90%的平淡之组合，是大部分的琐碎日常拼凑出的平淡中，点缀着一些小快乐和总会过去的小坎坷。按照这个良性比例运转的婚姻才能够美满和长久。

生活中的大喜大悲都是极少数，且它们都与现实有关，比如个人取得了什么成就，实现了什么愿望，连带着看对方也亲切可爱起来。再比如身边人或自己患了什么重病，或面对重大分离，这的确会造成痛苦，但这些都是能够看得见、意识得到的，投入精力集中去解决，痛苦就不会无休止地存在。

反倒是大喜大悲中间的过渡地带，那些90%的平凡岁月，更容易让人在幻想中滋生痛苦。那些痛苦包括对美好生活的期待最终落空所造成的失望，包括自我存在的迷失，也包括认知错位导致的偏激和不公感。

是的，大多数人的痛苦都是由痛苦的情绪造成的，而不是由现实造成的。假如我们拥有平和的心态，善于发现平凡的积极闪光面，那么生活也会变得有滋有味起来。同时，现世安稳的经验也告诉我们，坎坷不是常态，因此不必痴迷那些难耐和痛苦，它们终究会过去。

我们都应该学会将眼光放得长远一点，想想正在遭受的这些痛苦，如果放在几年后还算不算得上是痛苦；想想正在经历的这些小欢喜，如果不仔细体会回味，待日积月累是不是就流失掉了许多幸福感。

看淡痛苦，回味幸福，这是深谙婚姻的良性运转比例之后，自然诞生的看待事物的内在法则。有了这个法则的保驾护航，那些人生中大多数的平淡岁月将会变得熠熠生辉，我们也将因此成为快乐的人。

大多数痛苦都是由痛苦的情绪造成的，而不是由现实造成的。痛苦是一种主观感受，面对同样的事物，不同的认知会导致不同的痛苦程度：有的痛苦难以承受，有的只是淡淡的一层忧伤。人生中的大喜大悲各占5%，剩余的90%都是平淡。如果跟自己过不去，这90%的平淡也会变成痛苦的经历。如果拥有乐观的心态，大多数的平淡就会像加了糖或蜜的白开水，解渴、健康又具有迷人的味道。